COURS

DE

GÉOMÉTRIE

COURS

DE

GÉOMÉTRIE

Conforme aux programmes officiels du 26 juillet 1909

A L'USAGE

DES ÉCOLES PRIMAIRES SUPÉRIEURES
DES COURS COMPLÉMENTAIRES
DES CANDIDATS AUX BREVETS, AUX ÉCOLES NORMALES
ET AUX ÉCOLES NATIONALES D'ARTS ET MÉTIERS

PAR MM.

CH. COLIN   &   **JOSEPH GIROD**

Ancien professeur d'École normale
Professeur à l'École primaire
supérieure Lavoisier.

Ancien élève de l'École normale
supérieure
Professeur au lycée Charlemagne.

PREMIÈRE ANNÉE
**Avec 195 figures
et 257 problèmes et exercices proposés**

PARIS

FÉLIX ALCAN, ÉDITEUR

108, BOULEVARD SAINT-GERMAIN, 108

1910

GÉOMÉTRIE

(PREMIÈRE ANNÉE)

Géométrie plane.

Usage de la règle, de l'équerre, du compas et du rapporteur. Ligne droite. Circonférence. Angles. Triangles.

Perpendiculaires et obliques; parallèles; parallélogrammes.

Cercle. Dépendance mutuelle des cordes et des arcs. Sécante, tangente. Conditions de contact et d'intersection de deux circonférences.

Mesure des angles; angles des polygones réguliers; angles utilisés dans la pratique, les différentes équerres. Constructions graphiques et problèmes divers.

Projections.

Étude expérimentale de la projection d'un point et d'une droite limitée, sur un plan vertical (le tableau noir), et sur un plan horizontal (volet mobile) relié au premier par une charnière. — Rabattement de ce dernier sur le premier, ligne de terre, lignes de construction; langage conventionnel.

Projection d'une surface plane limitée par une figure géométrique. Projection horizontale et projection verticale d'un solide géométrique simple : cube, parallélipipède, prisme droit.

Application aux travaux manuels; cartonnage, coupe de plâtre, menuiserie et ajustage.

AVERTISSEMENT

Ce livre est rédigé conformément au programme du 26 juillet 1909 pour l'enseignement de la Géométrie dans les Écoles primaires supérieures. Il ne renferme que les matières de la première année. A chacune des années suivantes correspond un volume où sont traités le programme de la *section d'enseignement général* et les programmes particuliers aux *sections spéciales* et aux candidats aux écoles d'*Arts-et-Métiers*.

Nous nous sommes efforcés d'associer d'une manière étroite les théories géométriques avec le dessin et le travail manuel. Nous avons profité de toutes les occasions pour montrer que l'emploi des instruments de dessin et des outils de l'atelier constitue une pratique de la théorie. Ces instruments et ces outils sont ceux que les élèves connaissent déjà et savent manier; c'est pourquoi nous nous sommes abstenus d'en donner des descriptions. On trouvera dans les exercices un certain nombre de problèmes qui se rapportent au travail manuel.

L'ensemble des problèmes forme deux groupes. Ceux du premier groupe, placés à la fin de chaque théorie en caractères ordinaires, constituent en quelque sorte un prolongement du cours; ceux du deuxième groupe, placés à la fin de chaque chapitre en plus petits caractères, sont des applications moins immédiates. Enfin, des exercices récapitulatifs et des problèmes donnés aux Concours des Écoles d'Arts-et-Métiers sont proposés aux élèves plus exercés.

GÉOMÉTRIE

CHAPITRE I

GÉNÉRALITÉS SUR LA LIGNE DROITE ET LE PLAN

1. — **La première idée d'une figure géométrique nous est suggérée par l'expérience.** — C'est par la *vue* et par le *toucher* des objets qui nous entourent que nous sommes conduits aux notions de volume, surface, ligne, point.

« Tout d'abord nous distinguons le **volume,** c'est-à-dire la portion d'espace ou d'étendue occupée par le corps. Pour lui donner une représentation concrète, on peut imaginer que le corps soit remplacé par une enveloppe très mince qui en reproduit exactement la forme extérieure, et alors le volume serait mesuré par la quantité de liquide que cette enveloppe serait susceptible de contenir. »

« Le corps étant ainsi amené à l'état de simple volume ou de forme géométrique, nous envisageons son contour extérieur, l'enveloppe idéale qui contient le volume, et nous donnons le nom de **surface** à cette pellicule infiniment mince, ou plutôt à cette apparence de pellicule, sous laquelle il nous semble que le corps subsiste toujours. La surface est la séparation entre le corps et l'espace, qui de toutes parts l'environne [1]. »

---

1. DE FREYCINET, *De l'expérience en Géométrie*, Gauthier-Villars éditeur; les emprunts subséquents faits au même ouvrage sont suivis du nom de son savant auteur.

La vue d'une feuille d'arbre, d'une feuille de papier, d'un objet de très faible épaisseur peut aussi nous conduire à l'idée de surface.

Un œuf est limité par une surface continue. Mais presque toujours la surface qui limite un corps « est composée de parties distinctes, qui se joignent exactement; en un mot, l'enveloppe n'est pas une surface, mais une suite de surfaces. La suture de deux d'entre elles a reçu le nom de **ligne**. Cet objet idéal est figuré à nos yeux par un fil extrêmement ténu dont l'épaisseur tend à. s'évanouir. Mais quelque loin que nous allions dans cette atténuation, notre esprit va plus loin encore et perçoit une ligne dont la finesse défie toute réalisation. » (De Freycinet.)

Le contour des objets de très faible épaisseur (de même que le contour apparent d'un objet) nous conduit à l'idée de ligne; dans ce cas nous considérons la ligne comme la limite d'une portion de surface.

« Un degré de plus dans l'abstraction et nous créons le **point**, lieu de rencontre de deux lignes, comme la ligne était le lieu de rencontre de deux surfaces. Nous nous représentons le point comme un imperceptible grain qui finit par s'anéantir. » (De Freycinet.)

Une portion de ligne est limitée par deux points.

La craie qui se déplace sur un tableau laisse une trace, un régulateur à boules tournant vite, ou un fil de fer aciéré qu'on dérange brusquement de sa position d'équilibre après avoir fixé une extrémité dans un étau nous laissent l'impression d'une surface continue. — On peut donc dire qu'inversement : un point qui se déplace décrit une ligne; une ligne qui se déplace engendre une surface; une surface qui se déplace engendre un volume.

Un ensemble de points, de lignes, de surfaces, de volumes se nomme une **figure**.

2. — **Les figures géométriques n'ont qu'une existence idéale.** — Les figures géométriques sont irréalisables et n'existent que dans notre esprit.

Ainsi « nous ne songeons pas à tenir compte des aspérités, des rugosités sans nombre qui le plus souvent déparent l'enveloppe des corps. Nous supposons qu'un polissoir supérieurement délicat les a fait disparaître et a amené la surface à ce degré d'uni et de régulier dont l'extérieur d'une bulle de savon peut nous donner une idée ». (DE FREYCINET.)

D'autre part les objets ont généralement des formes bizarres qui diffèrent nettement de la forme si pure des figures géométriques.

3. — **Figures égales.** — Supposons qu'il s'agisse de comparer les surfaces de deux feuilles de papier A et B. Nous portons par exemple A sur B. Si A recouvre exactement B, nous disons que les deux surfaces sont égales; si A ne recouvre que partiellement B, nous disons que A est plus petit que B, ou encore que B est plus grand que A. Deux figures de même espèce sont donc dites **égales** quand elles sont **superposables**, c'est-à-dire quand on peut transporter l'une sur l'autre de manière à les faire coïncider exactement dans toutes leurs parties. Et ainsi *deux figures égales sont une même figure dans deux places différentes.*

§ I. — LA LIGNE DROITE

4. — La plus simple de toutes les lignes est la ligne droite. « Qui n'a tendu un fil entre ses mains ou n'a vu des travailleurs se servir du fil à plomb? Qui n'a admiré les arêtes de certains cristaux soit naturels, soit artificiels? Le règne végétal, sans offrir des lignes droites aussi nettes, nous montre cependant des tiges et des branches qui suffiraient à suggérer l'idée de la forme rectiligne. » (DE FREYCINET.)

Les traînées lumineuses produites par les rayons solaires dans un ciel nuageux sont l'un des plus beaux exemples de la forme rectiligne.

D'ailleurs une façon courante de vérifier si une ligne est droite est fondée sur la propagation rectiligne des rayons lumineux : on place l'œil sur la droite ou sur un prolongement, et on regarde si le point le plus voisin de l'œil cache tous les autres points de la ligne. Ce procédé rapide ne serait pas assez précis pour une petite portion de droite, une règle par exemple; mais on n'opère pas autrement lorsqu'on établit un alignement sur le terrain au moyen de jalons.

Les lignes droites que nous montre l'expérience sont limitées, ou bien notre vue ne peut en embrasser qu'une partie. Il est à retenir dès maintenant que la ligne *idéale* étudiée en Géométrie sous le nom de **ligne droite** est supposée *prolongée indéfiniment dans les deux sens*.

Lorsqu'il s'agira d'une portion de droite terminée à deux extrémités, nous l'appellerons **segment de droite**.

Il nous arrivera aussi de distinguer sur une droite indéfinie une des deux parties qui commencent à un point et qui se prolongent indéfiniment en sens contraires : nous appellerons alors chaque partie une **demi-droite**. Deux demi-droites sont dites **opposées** quand elles ont même origine et des sens contraires sur la même droite.

Propriétés fondamentales de la ligne droite.

La ligne droite jouit des propriétés fondamentales suivantes :

5. — I. **D'un point à un autre on ne peut mener qu'une seule ligne droite** : « Plusieurs fils tendus, aboutissant aux mêmes extrémités, se recouvrent exactement, et cela quels que soient les deux points d'attache. On exprime ce fait en disant que **deux points déterminent une droite.** »

On peut donc parler, sans confusion possible, de **la** droite illimitée qui passe par deux points A et B, ou, plus brièvement, de **la** droite AB.

Deux droites **distinctes** ne peuvent avoir plus d'un point commun.

6. — II. « **La ligne droite peut servir d'axe de rotation,** c'est-à-dire qu'une figure invariable peut tourner autour d'une ligne droite sans subir aucune déformation. Nous constatons ce phénomène dans l'ordre physique : nous voyons un corps solide tourner autour d'un axe fixe, par exemple une roue autour de son essieu. Puis nous réduisons de plus en plus l'épaisseur de l'axe sans qu'il cesse d'être rectiligne et immobile ; à la fin, quand il n'est plus qu'une droite idéale, nous le concevons comme faisant corps désormais avec le solide, dont il constitue l'élément fixe pendant la rotation. » (DE FREYCINET.)

APPLICATION. — *Reconnaître si une règle est droite.*

Traçons avec la règle une ligne AMB (fig. 1). Retournons la règle sur son autre face, autour de l'arête qui a servi, en la faisant passer par les mêmes points A et B, et traçons la ligne AM'B.

Si AMB et AM'B coïncident dans toute leur étendue, et dans ce cas seulement, la règle est droite.

7. — III. Deux droites quelconques sont superposables d'une infinité de manières.

« Puisque deux points déterminent la position d'une ligne droite **dans toute son étendue**, il s'ensuit que deux

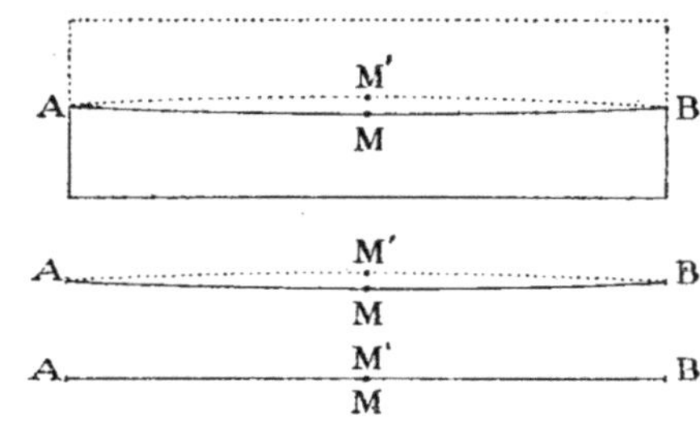

Fig. 1.

droites quelconques, tracées comme on voudra dans l'espace, sont susceptibles de coïncider. En effet, on peut toujours les amener à avoir un point commun et, une fois ce point commun obtenu, on fera tourner l'une des droites autour de ce point, jusqu'à ce qu'un autre point de cette droite vienne se superposer en quelque endroit de la droite immobile. A ce moment précis, les deux lignes, ayant deux points communs, **se confondent dans toute leur étendue.** D'où cette conséquence capitale que toutes les droites — sauf leur plus ou moins de grandeur — sont identiques et qu'une portion quelconque de droite peut toujours être appliquée sur une autre droite. » (DE FREYCINET.)

Lorsque deux droites sont superposées, on peut faire

glisser indéfiniment l'une des droites sur l'autre, sans que la coïncidence parfaite ne cesse d'exister.

APPLICATION I. — *Reconnaître si plusieurs points sont en ligne droite.*

Avec une règle bien droite, on trace la droite qui passe par deux des points considérés, par les points extrêmes pour plus de précision. Il suffit de regarder si les autres points se trouvent sur cette droite.

APPLICATION II. — *Une règle glisse le long d'une autre règle. Que peut-on conclure si leurs bords ne coïncident pas constamment?*

8. — IV. **La ligne droite est le plus court chemin d'un point à un autre.**

« La plus élémentaire expérience met en relief cette propriété. Si nous tenons, par exemple, un fil parfaitement tendu entre nos mains, nous constatons que toute tentative pour écarter le fil de sa direction et en faire une ligne brisée nous oblige à rapprocher les mains, et cela d'autant plus que le fil est écarté davantage de sa position primitive. La même expérience peut être opérée avec des appareils perfectionnés : la moindre déviation du fil entraînera le rapprochement de ses points d'attache. Réciproquement, tant qu'un fil pris par ses deux extrémités n'est pas exactement tendu, mais conserve une forme vague, les points d'attache sont susceptibles de s'écarter; le maximum d'écart, celui qui marque l'arrêt des points d'attache, correspond à la forme rigide nommée par nous *rectiligne.* »

« La ligne droite, étant le plus court chemin d'un point à un autre, s'offre comme l'expression naturelle de la distance entre deux points. » (DE FREYCINET.)

Ainsi, le segment de droite compris entre deux points A et B, plus brièvement le segment AB, figure la **distance** AB.

9. — **Comparaison des distances.** — *Une distance AB est dite égale à une distance $A'B'$ si on peut transporter le segment AB sur le segment $A'B'$, de manière que les extrémités coïncident.* Les deux segments coïncident alors dans toute leur étendue (**5**), et par suite ils sont bien égaux (**3**).

On peut faire cette superposition en transportant soit A sur A′ et B sur B′, soit A sur B′ et B sur A′.

Considérons plusieurs segments AB, BC, CD, DE, portés bout à bout, dans le même sens, sur la même droite (fig. 2) : le segment AE s'appelle la **somme** de tous ces segments. Cette somme est évidemment indépendante de l'ordre de ses parties.

Pour **comparer** deux segments, on les porte sur une même droite, à partir d'un même point et dans le même sens. Soient par exemple AB et AC les deux segments ainsi alignés.

1° Si les points se suivent dans l'ordre A, B, C, le segment AC est égal au segment AB plus le segment BC. On dit alors que AC est *plus grand que* AB :

$$(AC > AB),$$

ou que AB est plus petit que AC :

$$(AB < AC).$$

Fig. 2.

2° Si les points se succèdent dans l'ordre A, C, B, on a :

$$AC < AB,$$

ou

$$AB > AC.$$

Dans les deux cas, le segment BC qui, ajouté au plus petit, reproduit le plus grand, se nomme **différence** des deux segments.

3° Si les segments sont égaux, on sait (**3**) que B vient en C. On dit alors que la *différence est nulle*.

Souvent l'œil suffit pour la comparaison, et le transport est inutile.

APPLICATION. — *Quand on veut comparer deux segments de droite qu'on ne peut déplacer (par exemple les largeurs de deux fenêtres), quel artifice faut-il employer? En a-t-on le droit?*

10. — Milieu d'un segment. — Étant donné un segment de droite AB, supposons qu'un mobile M se déplace de A vers B. Le segment AM croît constamment de zéro à AB, le segment MB décroît constamment de AB à zéro, et la somme AM + MB demeure invariable. Il arrive donc un moment et un seul où AM = MB. Dans cette position, le point M est dit **milieu** de AB.

Dans le retournement d'un segment rectiligne sur lui-même, le milieu seul reprend sa position primitive.

11. — **Ligne brisée et ligne courbe.** — La **ligne brisée** est composée de segments de ligne droite placés bout à bout d'une manière quelconque.

La nature offre à nos regards d'autres lignes. « Depuis la courbe harmonieuse de l'Océan jusqu'à la croupe arrondie des montagnes, jusqu'aux myriades de végétaux qui recouvrent le globe, nous voyons sans cesse des lignes dont la forme se diversifie à l'infini et qui ne sont ni droites ni composées de lignes droites. » Ces lignes s'appellent des **lignes courbes**.

§ II. — LE PLAN

12. — La plus simple de toutes les surfaces est le **plan**. « La nature est fort riche en spécimens. Je citerai, comme s'écartant le moins du plan géométrique et même comme en donnant l'illusion parfaite, la surface d'une eau absolument tranquille, si l'étendue n'en est pas trop grande. Plusieurs cristaux naturels donnent la même impression. »

Les plans naturels sont limités ou bien nous n'en voyons qu'une partie ; le plan *idéal* que l'on étudie en Géométrie est au contraire supposé illimité dans tous les sens. Il divise l'espace en deux régions situées de part et d'autre du plan : on ne peut passer de l'une à l'autre sans traverser le plan.

13. — **Propriétés du plan.** — « Cette surface jouit de la propriété remarquable que : *par un quelconque de ses points, on peut toujours mener une infinité de lignes droites qui s'y trouvent entièrement contenues.* Pour s'en assurer, il suffit de prendre une tige rigide ou une règle métallique, façonnée pour coïncider à l'occasion avec un fil tendu, et de la porter sur la surface. Dans quelque sens qu'on l'y couche, on constatera qu'elle s'appliquera exactement sur elle ; on n'apercevra pas un seul vide ou jour entre elle et la surface. On peut ainsi, sur les deux bords d'un bassin rempli d'eau, tendre un fil délié : il rasera strictement en tous les points la surface de l'eau. Enfin si, de l'extrémité d'un plan, on regarde un objet à une assez grande distance, faisant à peine saillie sur le plan, le rayon visuel, qui, on le sait, se propage en ligne droite, se confondra avec le plan dans tout son parcours. C'est même en s'aidant soit du rayon visuel, soit d'une règle rigide, soit d'un fil à plomb, qu'on contrôle à tout instant la surface qu'on s'évertue à rendre plane, et qu'on parvient à lui donner cette régularité de forme que nous admirons dans une table de marbre ou dans une glace bien polie. »

« De ce qu'une droite quelconque peut s'appliquer dans un plan il résulte qu'*une droite qui a deux de ses points dans un plan y est entièrement contenue*. Il s'ensuit aussi que, pour aller d'un point à un autre du plan par la plus courte distance, il faut cheminer dans ce plan. » (DE FREYCINET.)

Une autre conséquence de cette propriété est que l'œil, placé dans un plan, n'y voit qu'une droite. Ainsi, lorsqu'on élève au

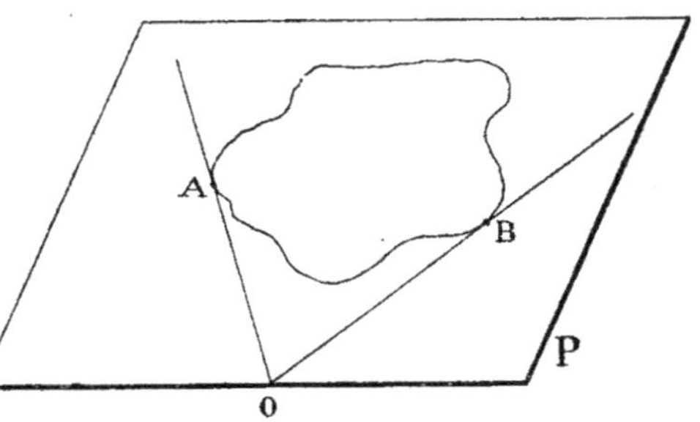

Fig. 3.

niveau de l'œil O le plan P d'une figure plane quelconque (fig. 3), on ne distingue qu'une droite, dont les extrémités se trouvent sur les rayons visuels extrêmes OA et OB.

Cette expérience permet de reconnaître dans un dessin perspectif la position de la ligne d'horizon, c'est-à-dire l'intersection du plan horizontal mené par l'œil avec le plan de l'écran sur lequel on trace le dessin. Ainsi, par exemple, si deux horizontales AB, BC, de deux faces consécutives d'un édifice forment une droite unique AC, cette droite est la ligne d'horizon.

Enfin, « le plan est identique à lui-même dans toutes ses parties; on exprime la même idée en disant qu'un plan peut glisser sur lui-même, comme le fait une ligne droite, sans se déformer ou manquer d'adhésion ».

« Une portion de plan peut tourner autour d'une droite

quelconque située dans le plan et prise comme charnière, et se rabattre sur le plan de manière à coïncider exactement avec lui. On voit ainsi qu'un plan peut être retourné, ou placé *sens dessus dessous*, sans qu'il en résulte un changement dans les relations géométriques. » (DE FREYCINET.)

DEMI-PLAN. — Une droite d'un plan détermine dans ce plan deux parties qu'on nomme **demi-plans**. *Un demi-plan est donc un plan limité d'un côté par une droite de ce plan.*

14. — APPLICATIONS. — I. *Reconnaître si une surface est plane.*

1° Une surface S sera plane si une règle bien droite peut y être appliquée dans tous les sens. (Il existe certaines surfaces, comme celle d'un tuyau de poêle, telles qu'une droite dirigée dans le sens de la longueur y soit contenue tout entière.)

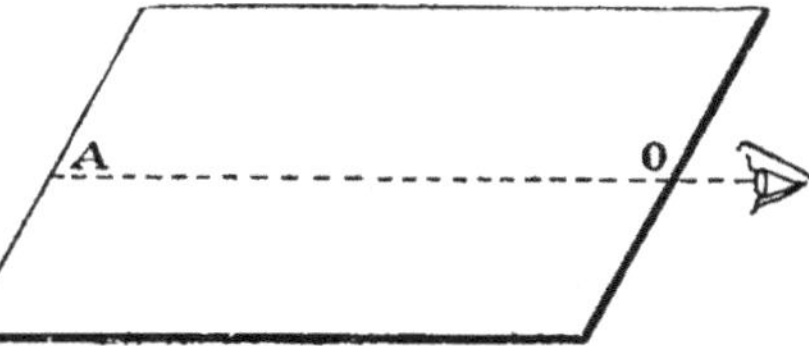

Fig. 4.

2° Regardons un point A de l'extrémité de la surface S de façon que le rayon visuel OA *rase* la surface (fig. 4). Si, lorsqu'on déplace l'œil, le rayon visuel rase toujours la surface, cette surface est plane. (BORNOYER.)

Évidemment, ce procédé n'a pas la précision du premier.

3° Faisons glisser la surface S sur une surface que nous savons être parfaitement plane (marbre). Si la surface S coïncide constamment avec le marbre, S est plane. Pour mieux se rendre compte de cette coïncidence, on met sur le marbre une légère couche d'ocre rouge. Si S n'est pas plane, les saillies seront enduites d'ocre. Un tel procédé est réservé aux surfaces de petites dimensions (ajustage).

II. — *Rendre une surface plane.*

1° Faisons glisser l'une sur l'autre deux surfaces à peu près planes, les aspérités s'enlèvent mutuellement et les deux surfaces deviennent planes. (Rendre plane une surface d'un bloc de plâtre.)

2° Il en est de même si l'une des surfaces est plane et l'autre presque plane (corroyage d'une pièce).

15. — **Positions relatives d'une droite et d'un plan.** — Menons la droite qui joint deux points A et B du plan P. Elle y est *contenue* tout entière. Traçons la droite passant par un point A du plan et par un point extérieur C. Cette droite n'est pas contenue dans le plan, on dit qu'elle le **coupe** au point A qui se nomme **pied** de la droite. Ce pied divise la droite considérée en deux demi-droites situées de part et d'autre du plan. Il en serait de même pour la droite passant par deux points situés de part et d'autre du plan.

Nous étudierons plus tard une dernière position relative d'une droite et d'un plan.

16. — **Détermination d'un plan.** — Il est bien certain qu'il existe une infinité de plans passant par une droite D donnée (ex : porte tournant autour de son axe).

En particulier, il existe une infinité de plans passant par deux points donnés A, B, et ces plans ne sont autres que les positions sucessives d'un plan P tournant autour de la droite AB. Bien entendu, tous ces plans passent par tous les points de A B (**13**).

Si de plus le plan considéré doit passer par un troisième point C, extérieur à AB, la position de P est alors unique et bien déterminée. Aussi nous dirons :

Trois points non en ligne droite déterminent un plan et un seul, ce que nous pouvons exprimer autrement :

Une droite et un point extérieur déterminent un plan et un seul.

Deux droites qui se coupent déterminent un plan et un seul.

Une droite qui tourne autour d'un point fixe C et qui s'appuie constamment sur une droite ne contenant pas C engendre un plan et un seul.

17. — **Positions relatives de deux droites D et D′.** — Pour reconnaître si deux droites D et D′ sont dans le même plan, l'œil A regarde D et se déplace, s'il est nécessaire, de façon que D cache un certain point B de D′. Et alors de deux choses l'une : ou bien D′ est complètement cachée par D, et les deux droites sont dans le même plan ; ou bien ce n'est pas, et D et D′ ne sont pas dans le même plan. Nous allons le prouver :

D et un point B de D′ déterminent un plan P.

1° Si P contient D′, D et D′ *sont dans le même plan.*

2° Si P ne contient pas D′, aucun plan Q ne contient D et D′, car Q contiendrait D et B et coïnciderait avec P. On dit alors que D et D′ *ne sont pas situées dans le même plan.*

APPLICATION. — *Reconnaître si plusieurs jalons sont dans le même plan.*

18. — Intersection de deux plans. — Si deux plans distincts passent par le même point A, ils ont nécessairement quelque autre point commun B. Ils ont donc la droite commune AB. Ils ne sauraient avoir d'autres points communs en dehors de AB, puisqu'alors ils se confondraient.

On dit alors que les deux plans se coupent suivant AB, que AB est leur **intersection** ou encore la **trace d'un plan** sur l'autre.

APPLICATION. — I. *L'intersection de deux surfaces est une ligne courbe. Que peut-on conclure relativement à l'une au moins de ces surfaces?*

II. — *Qu'est-ce qui caractérise les faces d'une règle?*

19. — Surfaces courbes. — Une **surface brisée** est composée de portions de surfaces planes.

La nature offre à nos regards d'autres surfaces, les **surfaces courbes.** « La mer contemplée d'une certaine élévation nous présente un admirable type de surface courbe. Dans un ordre plus modeste, les fruits, les fleurs, les cailloux roulés par les eaux, affectent toutes sortes de figures arrondies. Chez les êtres animés, la surface courbe est la règle, elle varie à tout instant et les parties se soudent les unes aux autres avec un art merveilleux. » Ces surfaces, qui ne sont ni planes ni exclusivement composées de surfaces planes, se nomment surfaces courbes.

20. — Origine de la Géométrie. — La mesure des terrains — et c'est la signification du mot Géométrie — est l'origine de cette science. Dans cette mesure, « on a dû reconnaître que la position des lignes les unes à l'égard des autres fournissait des remarques dignes d'attention par elles-mêmes, indépendamment de l'utilité dont elles pourraient être dans la pratique, et il est à présumer que ces remarques ont engagé les premiers géomètres à pousser plus loin leurs découvertes, car ce ne sont pas seulement les besoins qui déterminent les hommes, la curiosité est souvent un aussi grand motif pour exciter leurs recherches. Ce qui a dû contribuer encore au progrès de la Géométrie, c'est le goût qu'on a naturellement pour cette précision rigoureuse, sans laquelle l'esprit n'est jamais satisfait. » (CLAIRAUT.)

21. — **Définition de la Géométrie.** — Nous définissons donc la Géométrie : *science qui a pour but l'étude des propriétés des figures*, et en particulier la mesure de leur étendue. Nous verrons qu'elle ramène dans beaucoup de cas la mesure de l'étendue à la mesure de segments rectilignes convenablement choisis.

22. — **Signification de quelques expressions.** — Les résultats de cette étude sont formulés dans des énoncés appelés **propositions.**

Une proposition contient deux parties : 1° l'**hypothèse**, qui indique les conditions dans lesquelles on se place ; 2° la **conclusion**, qui découle de l'hypothèse, soit immédiatement, soit en vertu d'un raisonnement qu'on appelle **démonstration.**

Un **axiome** est une proposition évidente par elle-même. Ex. : le tout est plus grand que la partie ; deux quantités égales à une troisième sont égales entre elles ; la différence de deux quantités ne change pas, quand on ajoute ou retranche à chacune d'elles la même quantité.

Une proposition exigeant une démonstration est un **théorème.**

Un **lemme** est une proposition préliminaire, destinée à faciliter la démonstration d'un théorème.

Un **corollaire** est une conséquence d'un théorème, qui ne se trouve pas formulée explicitement dans l'énoncé.

Un **problème** est une question à résoudre.

Deux propositions sont dites **réciproques** quand l'hypothèse (entière ou partielle) de l'une est la conclusion (entière ou partielle) de l'autre, et inversement. Si une proposition est vraie, sa réciproque peut être fausse.

Nous emploierons parfois les abréviations suivantes :

Hy pour hypothèse.

$\perp$ pour perpendiculaire à.

$=$ pour égal à.

(Co) pour par construction.

Concl. pour conclusion.

$\parallel$ pour parallèle à.

$\neq$ pour non égal à.

$\bigodot$ pour cercle de centre O.

(12) signifie qu'il faut se reporter au paragraphe **12** pour trouver la preuve d'une proposition déjà démontrée.

EXERCICES

1. On déforme un morceau de terre glaise bien malaxée. Qu'est-ce qui varie? Qu'est-ce qui reste invariable?

2. Une ligne courbe roule sur une ligne droite. Quelle peut-être la partie commune aux deux lignes?

3. On porte sur une droite 3 segments consécutifs. A quelle condition le milieu du segment moyen sera-t-il le milieu du segment total?

4. M étant le milieu d'un segment de droite AB, la distance CM est égale à la demi-différence de CA et de CB, si C est un point intérieur au segment, et à la demi-somme de CA et de CB. si C est sur l'un des prolongements de AB.

5. Si entre l'œil O et un point A on interpose une vitre V, la rencontre du rayon visuel OA et de la vitre V s'appelle *la perspective* du point A par rapport au plan V. Montrer que généralement : 1° la perspective d'un point est un point; 2° la perspective d'une droite est une droite.

6. A quelle condition la perspective d'un point reste-t-elle la même : 1° quand le point se déplace; 2° quand le l'œil se déplace; 3° quand la vitre se déplace?

7. Comment doit se déplacer l'œil pour que la perspective d'une droite ne change pas?

8. Quelle est la perspective d'une figure plane dans le plan de laquelle l'œil se trouve?

9. L'ombre d'un corps éclairé par un point lumineux s'appelle ombre au flambeau. Quelle est, sur un plan, l'ombre au flambeau d'un point, d'une droite?

10. Ne peut-on traiter à ce propos les problèmes 5 à 8 après avoir établi la relation qui existe entre la perspective et l'ombre au flambeau?

11. Par un point donné, mener une droite qui rencontre deux droites données non situées dans le même plan?

12. Une surface courbe roule sur un plan. Quelle peut être la partie commune aux deux surfaces?

CHAPITRE II

ANGLES. ANGLES DIÈDRES

§ I. — ANGLES

23. — Définitions. — Deux demi-droites AB et AC, issues du même point A, forment un **angle** (fig. 5). Le point A est le **sommet** de l'angle; les demi-droites AB et AC en sont les **côtés**. Un angle est une figure plane (**16**).

La grandeur d'un angle dépend de *l'écartement* et non de la longueur de ses côtés. On désigne un angle par trois lettres, la lettre du milieu représentant le sommet, les deux autres étant placées sur les côtés. S'il n'y a pas de confusion pos-

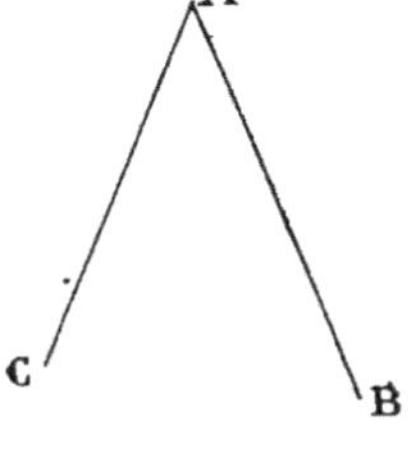

Fig. 5.

sible, on écrit seulement la lettre du sommet. Ainsi on dit l'angle BAC ou l'angle A (fig. 5) et on l'indique par $\widehat{BAC}$ ou $\widehat{A}$.

Les deux angles BAC et CAD, situés dans le même plan, sont dits **adjacents**, lorsqu'ils ont le même sommet A, un côté com-mun, AC, et qu'ils sont situés de part et d'autre de ce côté commun (fig. 6). Les côtés AB et AD sont appelés **côtés extérieurs**.

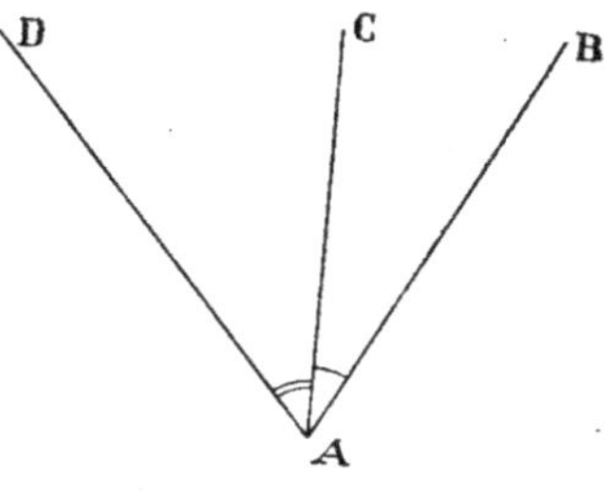

Fig. 6.

Les angles représentés dans les figures 7, 8 et 9 ne sont pas adjacents.

Quand deux angles BAC et CAD sont adjacents (fig. 6),

l'angle BAD est dit la **somme** des deux premiers. On définirait de même la somme de plusieurs angles. Cette somme est évidemment indépendante de l'ordre des angles.

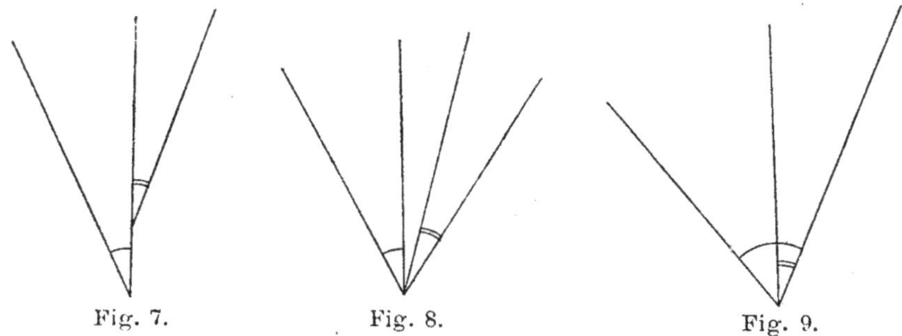

Fig. 7.   Fig. 8.   Fig. 9.

24. — **Égalité de deux angles.** — Un angle AOB est dit égal à un angle A′O′B′ si on peut transporter l'angle AOB sur l'angle A′O′B′, de manière que les côtés coïncident (**3**). Cette superposition peut se faire de deux façons : en transportant soit OA sur O′A′ et OB sur O′B′, soit OA sur O′B′ et OB sur O′A′, ceci après retournement du plan de l'angle. (Rapprocher de la superposition de deux segments égaux, n° **9**.)

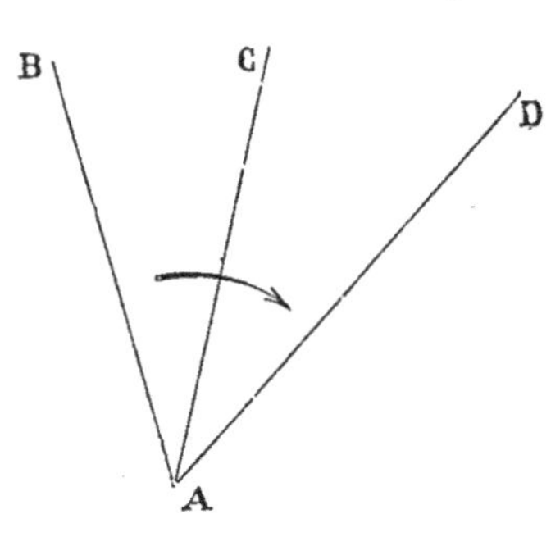

Fig. 10.

25. — **Bissectrice d'un angle.** — Étant donné un angle BAD, supposons qu'une demi-droite AC, mobile autour du point A, se déplace de AB vers AD dans le plan de l'angle (fig. 10). L'angle $\widehat{BAC}$ croît constamment de zéro à $\widehat{BAD}$, l'angle $\widehat{CAD}$ décroît constamment de $\widehat{BAD}$ à zéro, et la somme $\widehat{BAC} + \widehat{CAD}$ est invariable. Il arrive donc un moment et un seul où $\widehat{BAC} = \widehat{CAD}$. La droite AC est dite alors **bissectrice** de $\widehat{BAD}$. Lorsqu'on superpose un angle à lui-même après retournement de son plan, la bissectrice seule reprend sa position primitive. (Rapprocher du n° **10**.)

26. — Comparaison des angles. — Pour comparer deux angles, on les met dans le même plan de façon qu'ils aient le même sommet O, un côté commun OA, et qu'ils soient situés du même côté par rapport au côté commun.

1° Si les demi-droites se suivent dans l'ordre OA, OB, OC (fig. 11), l'angle AOC est égal à l'angle AOB plus l'angle BOC. On dit alors que $\widehat{AOC}$ est **plus grand** que $\widehat{AOB}$:

$$\left(\widehat{AOC} > \widehat{AOB}\right),$$

ou que $\widehat{AOB}$ est plus petit que $\widehat{AOC}$:

$$\left(\widehat{AOB} < \widehat{AOC}\right).$$

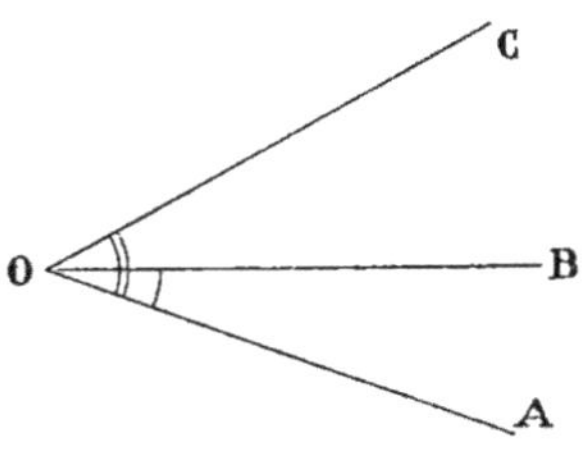
Fig. 11.

2° Si les demi-droites se suivent dans l'ordre OA, OC, OB, on a

$$\widehat{AOC} < \widehat{AOB},$$
$$\text{ou} \quad \widehat{AOB} > \widehat{AOC}.$$

Dans les deux cas, l'angle BOC qui, ajouté au plus petit, reproduit le plus grand se nomme **différence** des deux angles.

3° Si les deux angles sont égaux, on sait que OB vient en OC. On dit alors que la différence est nulle. (Rapprocher du n° **9**.)

APPLICATION. — *Quand on veut comparer deux angles qu'on ne peut déplacer* (par exemple deux angles tracés sur deux murs), *quel artifice faut-il employer?* En a-t-on le droit?

27. — Demi-droites perpendiculaires à une droite. Angle droit. — Plions une feuille de papier suivant AI, de façon que AB coïncide avec AD (fig. 12). Les deux angles

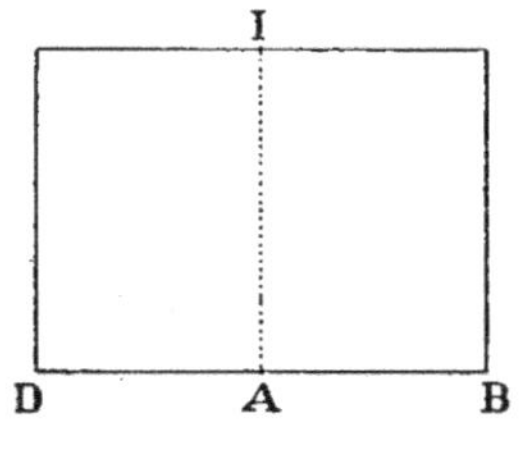
Fig. 12.

$\widehat{IAB}$ et $\widehat{IAD}$ superposés sont égaux (3); on dit que AI est **perpendiculaire** à BD. D'ailleurs, ce que nous avons dit au paragraphe (**10**) peut se répéter textuellement, quand les côtés extérieurs BA, AD forment une ligne droite, à condition de déplacer AC dans un des plans P qui passent par BD ; nous voyons alors qu'il arrive un moment et un seul où $\widehat{BAI} = \widehat{IAD}$ (fig. 13).

« Cette position unique du côté mobile mérite d'être distinguée de toutes les autres et a reçu à cet effet une dénomination spéciale. » Dans le plan P, une demi-droite AI qui ne penche ni d'un côté ni de l'autre sur BD est dite **perpendiculaire** à la droite BD.

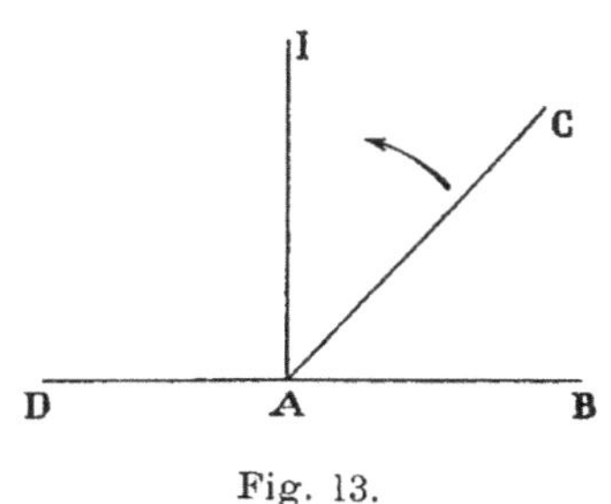

Fig. 13.

« L'attention se porte de préférence sur ce moment précis de la rotation où la perpendicularité se déclare, parce que notre esprit est amoureux de symétrie, d'équilibre, d'égalité et parce que, d'autre part, les conséquences pratiques sont considérables dans nombre de circonstances ; indépendamment du plaisir des yeux, nous recherchons, pour des motifs de facile agrément ou de grande résistance, la disposition à angle droit ou disposition orthogonale, qui est toujours la plus favorable (maisons, chambres, jardins, pans de muraille). » (CLAIRAUT.)

Ainsi donc : 1° une demi-droite AI est dite **perpendiculaire** à une droite BD, si elle forme avec celle-ci deux angles adjacents égaux (fig. 14).

Si les angles adjacents sont inégaux, AI est dite **oblique** à BD.

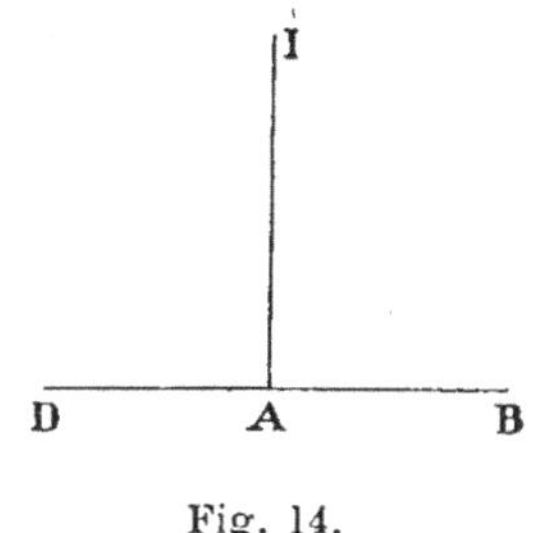

Fig. 14.

Le point A est dit le **pied** de la perpendiculaire ou de l'oblique.

2° Un angle est **droit**, si l'un de ses côtés est perpendiculaire sur l'autre.

3° *Par un point A d'une droite BD, on peut, de chaque côté de cette droite et dans chaque plan passant par la droite, mener une et une seule demi-droite perpendiculaire à BD.*

Comme il y a une infinité de plans passant par BD, il y a une infinité de perpendiculaires à BD en A.

28. — **Théorème.** — *Tous les angles droits sont égaux.*
— Nous allons prouver que deux angles droits ne peuvent
pas être inégaux.

Soient deux angles droits, supposés inégaux, que nous
portons dans le même plan P, de façon qu'ils occupent les

positions $\widehat{BKA}$ et $\widehat{BKE}$ (fig. 15),
d'un même côté de la droite BK.

Les droites KA et KE seraient
toutes deux perpendiculaires à KB
en K, ce qui est impossible (**27**).

DÉFINITIONS. — L'angle droit, de
grandeur invariable, peut donc
nous servir de terme de comparaison. La 90ᵉ partie d'un angle
droit se nomme angle d'**un degré**.

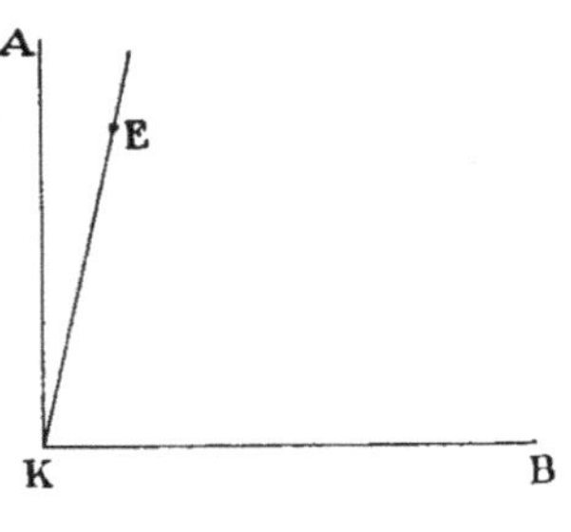

Fig. 15.

Un angle plus petit qu'un angle droit est dit **aigu**. Un
angle plus grand qu'un angle droit est dit **obtus**. Deux
angles sont dits **complémentaires** si leur somme est égale à
un droit, **supplémentaires** si leur somme est égale à deux
droits. Un angle n'a évidemment qu'un seul complément et
qu'un seul supplément.
Un angle inférieur à
2 droits est dit **saillant**,
rentrant dans le cas
contraire.

29. — **Perpendicu-
laire abaissée d'un
point extérieur.**— Sup·
posons maintenant le
point A extérieur à la

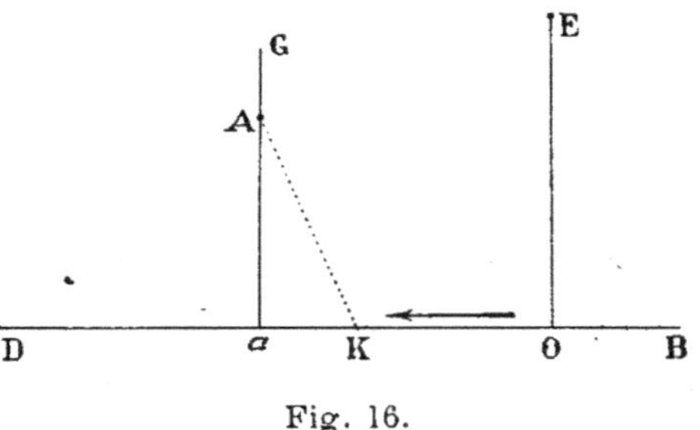

Fig. 16.

droite BD. BD et A déterminent un demi-plan unique P,
qui contient forcément la perpendiculaire cherchée. Dans
ce plan P, faisons glisser l'angle droit EOB, ou, ce qui
revient au même, l'équerre AaK, le côté OB se déplaçant sur
BD dans le sens BD (fig. 16).

Il arrive un moment, et un seul, où le côté OE passe par
A et occupe la position aG : cette droite est la perpendiculaire cherchée. Toute autre droite AK est donc oblique à BD.

Le pied *a* de la perpendiculaire à BD issue de A s'appelle **projection** de A sur BD ; la distance A*a* du point A à sa projection sur BD est la **distance** du point A à cette droite.

Ainsi, d'un point A, extérieur à une droite BD, on peut mener une et une seule perpendiculaire A*a* à cette droite. Ou encore :

Un point A, extérieur à une droite BD, a sur cette droite une projection *a* parfaitement déterminée. Il en est de même de sa distance A*a* à la droite.

Ce qui précède nous montre que deux droites perpendiculaires à une troisième en deux points distincts, ne peuvent se rencontrer. Ces deux perpendiculaires peuvent être ou ne pas être situées dans le même plan.

30. — **Angles droits adjacents.** — De la définition de l'angle droit résulte que, *pour que deux angles égaux et adjacents soient droits, il faut et il suffit que leurs côtés extérieurs soient en ligne droite.*

31. — APPLICATION. — *Vérifier une équerre.*

I. — Tracer une droite *xy* et placer l'équerre en ABC puis

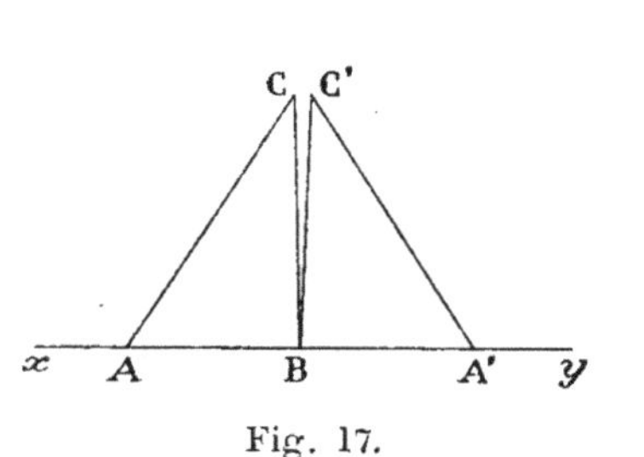

Fig. 17.

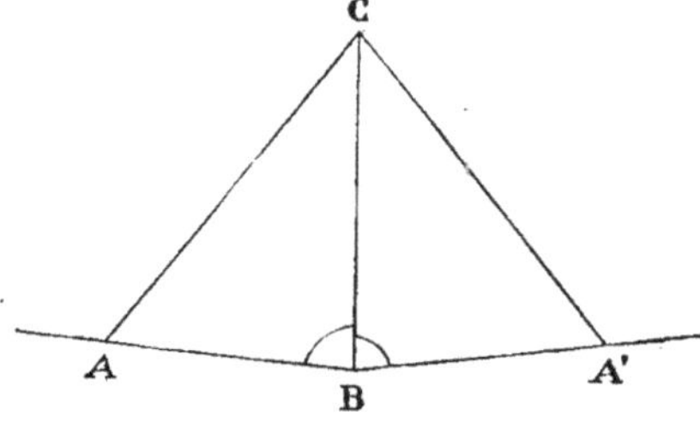

Fig. 18.

en A′B′C′, le point B n'ayant pas bougé, BA et B′A′ se trouvant sur *xy* (fig. 17). Examiner les cas qui peuvent se présenter et donner les raisons des conséquences tirées.

II. — Tracer BA (fig. 18), retourner l'équerre en BCA′ autour de BC et tracer BA′. Examiner les cas qui peuvent se présenter et donner les raisons des conséquences tirées.

32. — **Reconnaître si des angles ont une somme égale**

à deux droits. — Pour que deux angles adjacents soient **supplémentaires**, autrement dit pour que leur somme vaille deux droits, il faut et il suffit que leurs côtés extérieurs soient en ligne droite (**30**).

La somme de plusieurs angles adjacents est égale à deux droits si les côtés extrêmes sont en ligne droite (condition nécessaire et suffisante).

La somme de plusieurs angles adjacents est égale à quatre droits si ces angles recouvrent tout le plan (condition nécessaire et suffisante).

33. — **Angles opposés par le sommet.** — Les angles $\widehat{AOD}$ et $\widehat{COB}$ (fig. **19**), tels que les côtés de l'un sont les prolongements des côtés de l'autre, sont dits **opposés par le sommet**. De même AOC et BOD. L'égalité de ces angles résulte du théorème suivant :

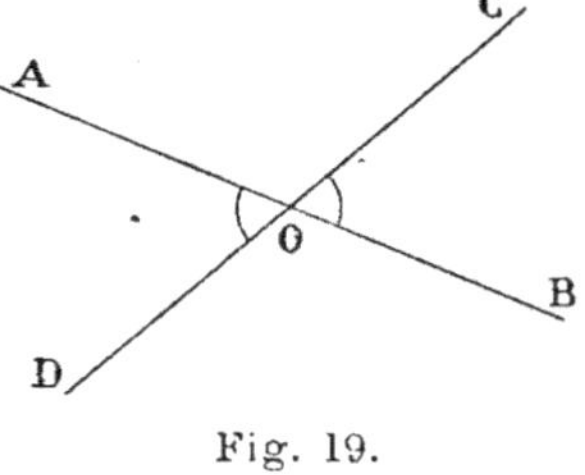

Fig. 19.

34. — **Théorème.** — *Deux angles opposés par le sommet sont égaux.*

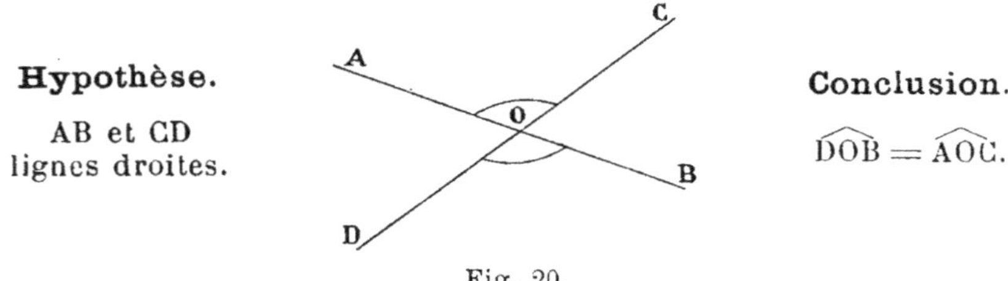

Fig. 20.

Hypothèse.

AB et CD
lignes droites.

Conclusion.

$\widehat{DOB} = \widehat{AOC}$.

$$\widehat{AOD} + \widehat{DOB} = \widehat{AOC} + \widehat{AOD} = 2 \text{ droits } (\textbf{32}), \text{ d'où } \widehat{DOB} = \widehat{AOC}.$$

(Nous enlevons le même angle AOD des deux côtés du signe $=$.)

35. — Remarque. — Quand deux droites se coupent, elles forment quatre angles qui, pris deux à deux, sont ou adjacents ou opposés par le sommet. Chacun de ces angles est égal à son opposé par le sommet et supplémentaire de chacun des deux autres. Si, en particulier, un des quatre angles est droit, tous les autres sont droits. Donc, *si une demi-droite* OC *est perpendiculaire à une droite* AB, *il en est de même de son prolongement* OD.

La droite indéfinie CD, dont les deux portions OC et OD sont perpendiculaires à AB, est dite **perpendiculaire à AB.** Cette perpendiculaire CD à AB est unique, lorsqu'on l'assujettit à passer par un point donné (**27** et **29**).

Si une droite CD est perpendiculaire à une droite AB, réciproquement AB est perpendiculaire à CD. C'est pourquoi on dit que les deux droites sont **perpendiculaires entre elles.**

36. — APPLICATIONS. — *Étudier les propriétés des bissectrices* :

1° *de deux angles adjacents*;

2° *de deux angles adjacents complémentaires ou supplémentaires*;

3° *de deux angles opposés par le sommet.*

I. — Soient deux angles adjacents AOB et BOC (fig. 21);

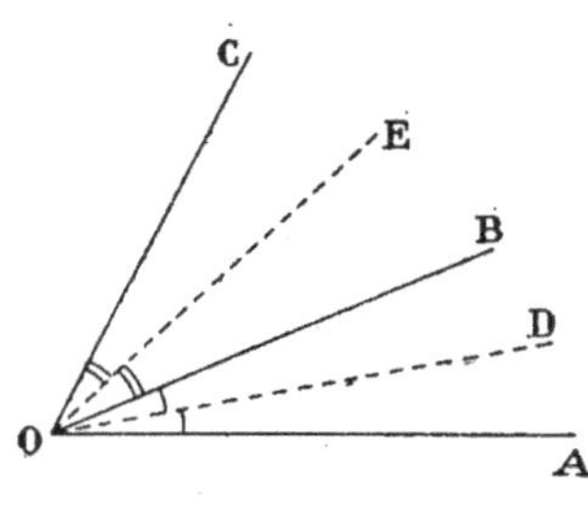

Fig. 21.

traçons les bissectrices OD et OE de ces angles. L'angle DOE est la somme des moitiés des angles AOB et BOC, donc il vaut la moitié de la somme de ces angles, autrement dit il est égal à la moitié de l'angle AOC formé par les côtés extrêmes.

II. — Si les angles adjacents AOB et BOC sont complémentaires, l'angle DOE est égal à la moitié d'un angle droit.

Si les angles AOB et BOC sont supplémentaires, l'angle DOE est égal à un angle droit.

III. — Soient deux angles opposés par le sommet AOB et COD (fig. 22); traçons les bissectrices OE et OF de ces angles. Nous allons prouver qu'elles sont alignées en sens contraires sur la même droite.

Les angles marqués 1 et 3 sur la figure sont égaux comme moitiés d'angles égaux; et par suite leur somme est égale à l'angle AOB.

Donc la somme des angles marqués 1, 2 et 3 sur la figure est égale à la somme des angles adjacents AOB et BOD, qui vaut deux droits. On en conclut que les côtés extrêmes OE et OF des angles 1, 2, 3 sont en ligne droite (**32**).

37. — En combinant cette proposition avec la précédente, on arrive à ce théorème :

Les bissectrices des quatre angles formés par deux droites indéfinies qui se coupent sont alignées sur deux droites perpendiculaires.

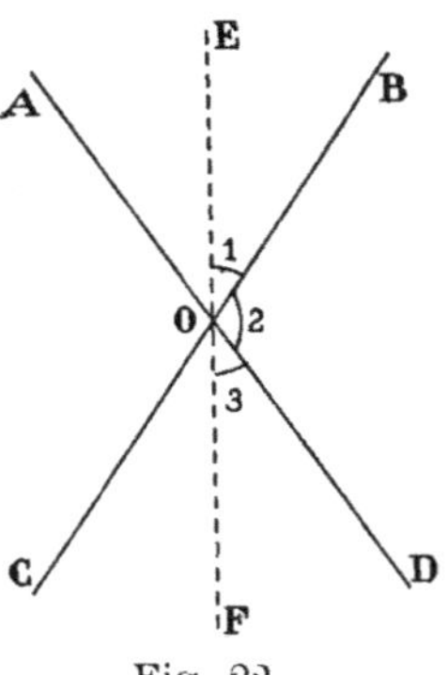
Fig. 22.

38. — Applications. — I. (Miroir tournant).

D'un même côté d'une droite xy (fig. 22 *bis*), on trace les deux demi-droites OR, OS, faisant avec xy les mêmes angles

$$\widehat{xOS} = \widehat{yOR}.$$

On suppose OS fixe, et on effectue la même construction $\left(\widehat{x'OS} = \widehat{y'OR'}\right)$ par rapport à une deuxième droite $x'y'$ passant par O.

Quelle relation existe entre les angles $\widehat{xOx'}$ et $\widehat{ROR'}$?

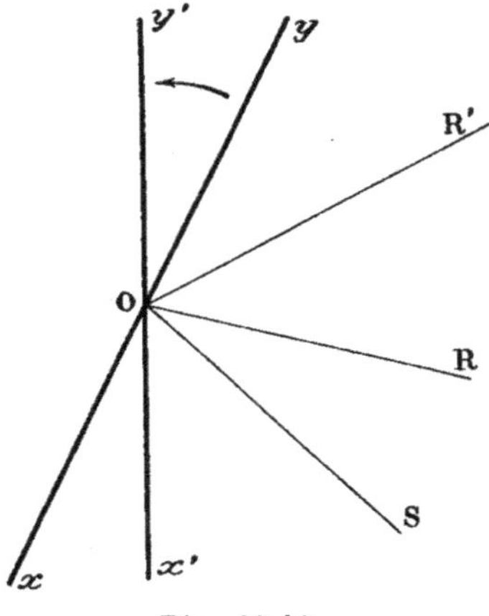
Fig. 22 *bis*.

II. — On joint de toutes les façons possibles par des droites trois points A, B, C. 1° La figure obtenue est une figure plane ; 2° elle a trois angles et trois côtés.

La figure ABC se nomme un **triangle**.

Constater expérimentalement que la somme des trois angles est égale à deux droits et qu'un côté est plus petit que la somme des deux autres et plus grand que leur différence.

EXERCICES

1. On donne dans un plan trois angles adjacents consécutifs. A quelle condition la bissectrice de l'angle moyen sera-t-elle la bissectrice de l'angle total ?

2. OM est la bissectrice d'un angle AOB et la demi-droite OC est dans le plan AOB. L'angle COM est égal à la demi-différence de $\widehat{COA}$ et $\widehat{OCB}$ si la demi-droite OC est à l'intérieur de l'angle AOB, et au supplément de cette différence, si la demi-droite OC est dans l'angle A'OB' opposé par le sommet à AOB. Il est égal à la demi-somme de $\widehat{COA}$ et de $\widehat{COB}$ si cette demi-droite est dans un des deux autres angles formés par les droites AOA' et BOB'.

3. Quatre demi-droites consécutives OA, OB, OC, OD, situées dans un plan, sont telles que $\widehat{AOB} = \widehat{COD}$ et que $\widehat{BOC} = \widehat{DOA}$, montrer que OA et OC sont en prolongement ainsi que OB et OD.

4. Si les quatres demi-droites consécutives OA, OB, OC, OD, situées dans un plan, sont telles que les bissectrices des angles $\widehat{AOB}$, $\widehat{COD}$ sont en ligne droite, ainsi que les bissectrices des angles $\widehat{BOC}$, $\widehat{AOD}$, ces quatre demi-droites forment deux droites indéfinies.

§ II. — ANGLES DIÈDRES

39. — DÉFINITIONS. — On appelle **angle dièdre** (ou simplement **dièdre**) la figure formée par deux demi-plans P et Q contenant une droite commune AB et limités tous deux à cette droite (fig. 23).

La droite commune AB est **l'arête** du dièdre, les demi-plans en sont les **faces**.

Un dièdre isolé se désigne par deux lettres placées sur l'arête. Tel est le dièdre AB (fig. 23). Si plusieurs dièdres ont la même arête, on désigne chacun d'eux par quatre lettres, placées deux sur l'arête et une sur chaque face; on énonce les deux lettres de l'arête entre les deux autres. Exemple : les dièdres PABQ, QABR (fig. 24).

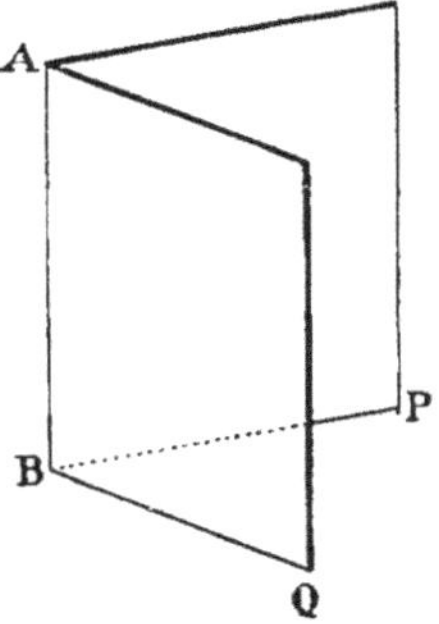

Fig. 23.

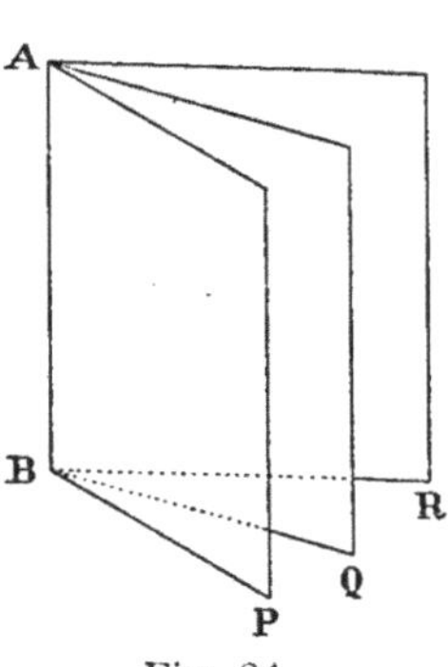

Fig. 24.

40. — **Dièdres adjacents.** — Deux dièdres sont dits **adjacents** lorsqu'ils ont la même arête, une face commune et sont situés de part et d'autre de cette face commune. Les faces non communes sont appelées **faces extérieures**.

41. — **Somme de deux dièdres.** — Quand deux dièdres PABQ et QABR sont adjacents (fig. 24), le dièdre PABR est dit la **somme** des deux premiers.

On définit de même la somme de plusieurs dièdres, cette somme est évidemment indépendante de l'ordre des dièdres. (Rapprocher du n° **23.**)

42. — **Égalité de deux dièdres.** — On dit qu'un dièdre PABQ est **égal** à un dièdre P'A'B'Q' si on peut transporter le dièdre AB sur le dièdre A'B' de manière que les faces coïncident. Cette superposition peut se faire de deux manières, soit en transportant A'B' sur AB, Q' sur Q et P' sur P ; soit A'B' sur BA, Q' sur P et P' sur Q. (Rapprocher du n° **24.**) La comparaison des dièdres se fait comme celle des angles (voir **26**).

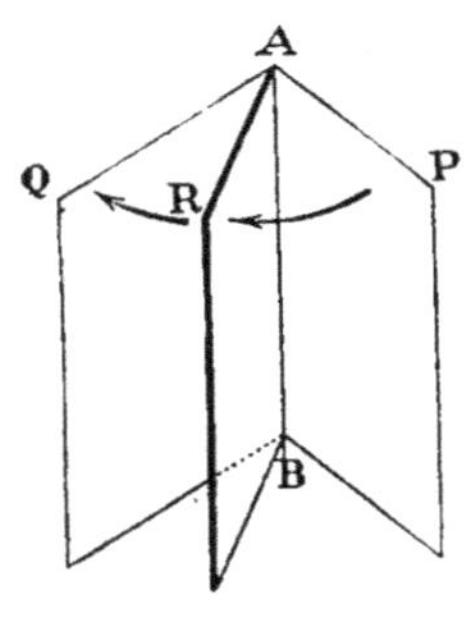

Fig. 25.

43. — **Plan bissecteur d'un dièdre.** — Supposons, dans le dièdre AB, un demi-plan R mobile autour de l'arête AB, et se déplaçant de P vers Q (fig. 25). Le dièdre PABR croît constamment, le dièdre QABR décroît constamment. Leur somme étant fixe, il arrive un moment et un seul où PABR = QABR. Le plan qui occupe cette position particulière se nomme le **plan bissecteur** du dièdre PABQ. Lorsqu'on superpose un dièdre à lui-même en permutant les faces, le plan bissecteur seul reprend sa position primitive. (Rapprocher du n° **25.**)

44. — **Demi-plan perpendiculaire à un plan. Dièdre droit.** — Un demi-plan Q est dit **perpendiculaire** à un plan P s'il forme avec celui-ci deux angles dièdres adjacents égaux.

Si les deux dièdres adjacents sont inégaux, ce demi-plan Q est dit **oblique** par rapport à P.

Un dièdre est **droit**, si l'une de ses faces est perpendiculaire sur l'autre. (Comparer au n° **27.**)

45. — **Théorème.** — *Par une droite* AB *d'un plan* P, *on* *peut, d'un côté de ce plan, mener un et un seul demi-plan* Q *perpendiculaire à* P. (Démonstration du n° **43**.)

COROLLAIRE. — *Tous les dièdres droits sont égaux.* (voir n° **28**). Dièdres aigus, complémentaires, supplémentaires.

46. — Supposons maintenant une droite AB rencontrant le plan P en A (fig. 26). Faisons tourner l'arête d'un dièdre droit autour de A, l'une des faces de ce dièdre glissant sur le plan P. Il arrive un moment où la deuxième face de ce dièdre droit passe par un deuxième point B de la droite AB. *Il y a donc un demi-plan perpendiculaire à* P *et passant par* AB.

Nous réservons pour plus tard l'étude complète de cette question.

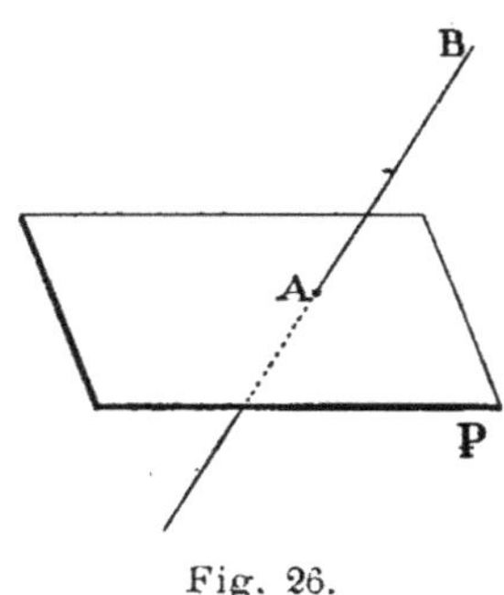

Fig. 26.

47. — **Relations entre des angles dièdres adjacents.** — De la définition du dièdre droit résulte :

1° Pour que deux dièdres égaux adjacents soient droits, il faut et il suffit que leurs faces extérieures soient dans le même plan.

2° Pour que deux dièdres adjacents soient supplémentaires, autrement dit pour que leur somme soit égale à deux droits, il faut et il suffit que leurs faces extérieures soient dans le même plan. La somme de plusieurs dièdres adjacents est égale à deux droits, si les faces extérieures sont dans le même plan (condition nécessaire et suffisante).

3° La somme de plusieurs dièdres adjacents est égale à quatre droits, si ces dièdres occupent tout l'espace (condition nécessaire et suffisante).

48. — **Dièdres opposés par l'arête.** — Considérons maintenant les dièdres formés par deux plans indéfinis qui se coupent. Deux dièdres tels que les faces de l'un sont les prolongements des faces de l'autre sont dits **opposés par l'arête**.

En procédant comme aux n°ˢ **34** et **35**, nous arriverions à :

1° *Deux dièdres opposés par l'arête sont égaux.*

2° Définition d'un plan perpendiculaire à un autre plan, de deux plans perpendiculaires l'un sur l'autre.

Définitions relatives aux angles polyèdres.

49. — Une demi-droite issue d'un point fixe S et s'appuyant constamment sur le contour d'une ligne brisée fermée plane ABC..., dont le plan ne contient pas le point S, engendre une figure appelée **angle polyèdre** (fig. 27). Les portions de plan ASB, BSC... ainsi déterminées (**16**) en sont les **faces** ; les demi-droites SA, SB,... intersections de deux faces consécutives en sont les **arêtes**. On appelle aussi face *l'angle* formé par deux arêtes consécutives.

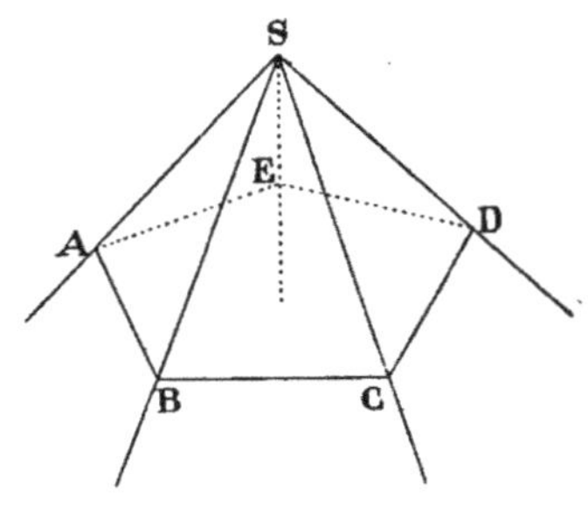

Fig. 27.

Un angle polyèdre est dit **convexe**, quand une face quelconque prolongée indéfiniment ne le coupe pas ; il est dit **concave** dans le cas contraire.

Un **angle trièdre**, ou simplement un **trièdre**, est un angle polyèdre qui a trois arêtes. Il est forcément convexe ; c'est aussi le plus simple des angles polyèdres.

Un trièdre est dit **trirectangle**, quand ses trois faces sont des angles droits. Nous en montrerons plus tard l'existence (**222**).

EXERCICE

Quand l'œil est placé sur le prolongement de l'arête d'un dièdre, quelle impression a-t-on ?

Relire le chapitre des angles dièdres, en supposant l'œil placé ainsi, et comparer à ce qu'on a obtenu dans le chapitre précédent intitulé **angles**.

CHAPITRE III

CERCLE ET SPHÈRE

50. — Un segment de droite $\overline{AB}$ est parfaitement déterminé en grandeur et en position quand on donne ses deux extrémités A et B.

Examinons le cas où, la longueur $\overline{AB}$ étant donnée, l'extrémité A seule du segment est fixe.

Deux cas importants se présentent :

I. — Le point B doit se trouver dans un plan donné P, contenant A.

II. — Le point B n'est pas assujetti à cette condition.

Ier cas.

51. — Prenons un compas et réalisons un écart des deux branches tel que la distance des deux pointes soit égale à la longueur donnée. Plaçons l'une des pointes en A (fig. 28). Il est évident que, dans le plan P, la pointe mobile B peut occuper une infinité de positions. L'ensemble de tous les points obtenus forme une *courbe continue fermée* appelée **circonférence de cercle**, ou simplement **circonférence**.

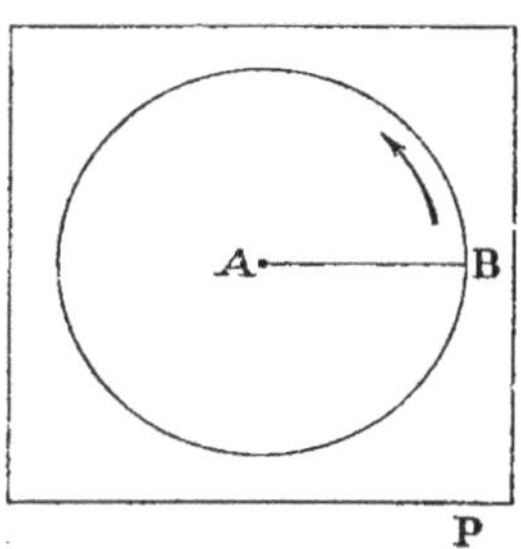

Fig. 28.

La pointe fixe A du compas est le **centre**, la distance AB des deux pointes est le **rayon** de la circonférence.

Le contour du soleil, de la pleine lune, lorsque ces astres sont assez élevés au-dessus de l'horizon, affecte avec une grande approximation la forme circulaire. « La courbure de l'Océan dans le sens équatorial réalise un cercle presque mathématique. L'ébranlement causé dans un liquide par la chute d'un corps se manifeste par des cercles concentriques qui vont s'élargissant à partir du point de chute. Les volants des machines, les roues des véhicules, les rouages de montre sont autant d'applications de la forme circulaire. » (DE FREYCINET.)

52. — **Premières propriétés de la circonférence.** — De la façon dont nous avons obtenu la circonférence résultent les propriétés suivantes :

La circonférence est une *courbe plane* admettant une *infinité* de rayons *égaux*. — Toute droite passant par le centre la coupe en deux points situés de part et d'autre de ce centre (fig. 28 *bis*), et le segment rectiligne limité aux deux points d'intersection A, B, est le double du rayon. On l'appelle un **diamètre**; *tous les diamètres sont donc égaux.*

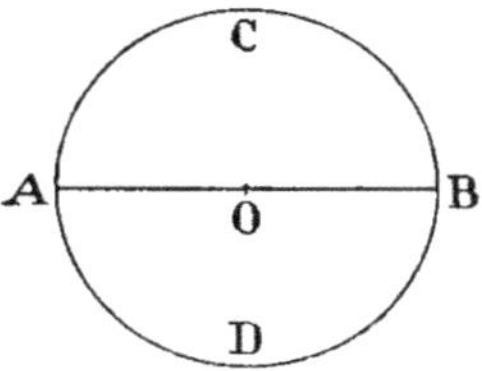

Fig. 28 *bis.*

Deux circonférences de même rayon sont superposables et par suite égales. — En faisant tourner une circonférence dans son plan autour de son centre, on ne fait que la réappliquer sur sa position primitive.

Inversement, si une courbe plane semble immobile quand on fait tourner son plan sur lui-même autour d'un point fixe A de ce plan, c'est que tous les points de la courbe sont équidistants de A, c'est-à-dire que la courbe est une circonférence de centre A.

Ainsi, « une portion quelconque d'une circonférence peut être amenée par une rotation de la figure à coïncider avec une autre portion supposée fixe. C'est là une propriété très remarquable, que le cercle partage avec la ligne droite et le plan, et qui ne se retrouve dans aucune autre figure, si ce n'est la sphère. Par suite toutes les propriétés de la courbe existant en un point existeront en tous les autres points. » (DE FREYCINET.)

Du fait que le cercle peut glisser indéfiniment sur lui-même sans se déformer, résulte que nous donnons la forme circulaire à tous les corps qui doivent se mouvoir dans un espace limité.

Une circonférence est déterminée, si l'on donne dans le plan : 1° son centre et son rayon; 2° un diamètre.

53. — Cercle. — La circonférence sépare deux régions du plan; l'une s'appelle **cercle** et comprend les points *intérieurs* à la circonférence, c'est-à-dire dont la distance au centre est inférieure au rayon. L'autre comprend les points *extérieurs* à la circonférence, c'est-à-dire dont la distance au centre est supérieure au rayon. Ainsi, tous les points d'une circonférence sont à une distance donnée du centre et ils sont les seuls à jouir de cette propriété; on exprime ce fait en disant que *la circonférence est le* **lieu géométrique** *des points du plan situés à une distance donnée (rayon) d'un point fixe (centre).*

54. — De la définition résulte aussi cette propriété : tout diamètre AB partage la circonférence et le cercle en deux parties égales ACB et ADB (fig. 28 *bis*). Chacune de ces portions de circonférence ou de cercle est respectivement appelée **demi-circonférence** et **demi-cercle**. Il est bien certain en effet que, si on rabat autour du diamètre considéré l'une des parties sur l'autre, ces deux parties coïncident dans toute leur étendue. On dit encore que tout diamètre d'un cercle est un **axe de symétrie.**

APPLICATIONS. — I. Au tour, l'outil doit être maintenu dans une position invariable si l'on veut obtenir un cercle.

II. — Reconnaître si une meule est bien ou mal centrée.

IIᵉ Cas.

55. — L'extrémité A étant fixe, l'extrémité mobile B peut occuper une infinité de positions. L'ensemble de tous les points obtenus forme une *surface courbe continue* appelée **surface sphérique,** ou simplement **sphère.**

Une bulle de savon affecte avec une grande approximation la forme sphérique.

Nous disons par analogie avec tout ce qui précède :

La sphère est le lieu géométrique des points de l'espace situés à une distance donnée (rayon) d'un point fixe (centre).

Cette surface sépare deux régions de l'espace : l'une appelée encore **sphère** (solide) comprend les points *intérieurs* à la surface sphérique, l'autre comprend les points *extérieurs*.

Tous les rayons sont égaux. Un segment de droite passant par le centre et limité à la surface sphérique se nomme **diamètre**; *tous les diamètres sont égaux*, puisqu'ils valent deux fois le rayon.

Deux sphères de même rayon sont égales. — Une sphère tournant autour de son centre coïncide constamment avec elle-même. Une sphère est déterminée si on donne 1° son centre et son rayon ; 2° son diamètre.

56. — Nous aurions pu envisager la sphère d'une autre façon : par le point fixe A passent une infinité de plans, et dans chacun de ces plans le lieu des points situés à une distance donnée AB du point A est la circonférence de centre A, de rayon AB. Et nous pouvons dire :

I. — Tout plan passant par le centre A d'une sphère coupe cette sphère suivant un cercle de centre A et de rayon égal à celui de la sphère. Cette section s'appelle un **grand cercle de la sphère.**

II. — Si on imprime un mouvement de rotation quelconque à une circonférence mobile autour de son centre, cette circonférence engendre une surface sphérique.

Ou plus simplement : *une circonférence, ou une demi-circonférence, tournant autour d'un diamètre fixe, engendre une sphère.*

EXERCICE

O étant un point quelconque d'un plan ; on considère tous les points M tels que la distance de l'un d'eux au point O soit comprise entre deux longueurs données *a* et *b*. Quelle est la région du plan où sont situés tous ces points ?

Même question dans l'espace.

CHAPITRE IV

ANGLES ET ARCS

57. — **Définitions.** — Menons dans une circonférence les deux rayons OA, OB (fig. 29).

L'angle AOB ayant son sommet au centre O de la circonférence est dit **angle au centre**.

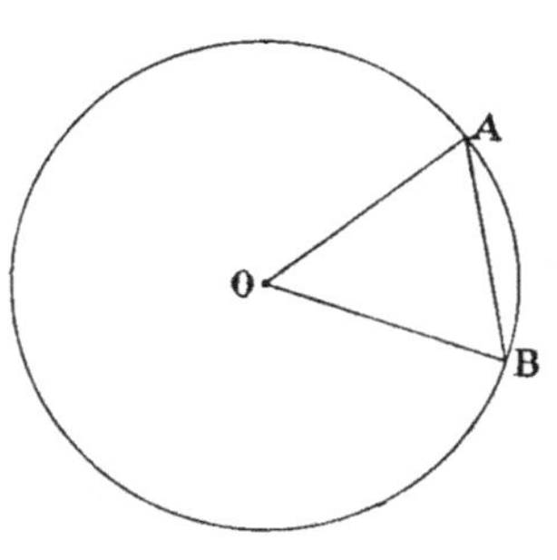

Fig. 29.

Il *intercepte entre ses côtés* une partie AB de la circonférence. Cette portion de circonférence, comprise entre les points A et B s'appelle l'**arc** AB, que nous représentons par $\overset{\frown}{AB}$. La droite qui joint les extrémités d'un arc est la **corde** de cet arc. On dit que la corde *sous-tend* l'arc, ou que l'arc est *sous-tendu* par la corde. Une corde sous-tend toujours deux arcs, l'un supérieur, l'autre inférieur à une demi-circonférence. Il y a exception quand la droite AB passe par le centre.

C'est aussi à ce moment que la corde est la plus longue. Car, pour toute corde AB qui ne passe pas par le centre (fig 29), le triangle AOB donne AB < OA + OB. Et ainsi : *toute corde ne passant pas par le centre est inférieure à un diamètre.*

APPLICATION. — Mesurer avec un décimètre le rayon d'une circonférence dont on ne connaît pas le centre.

58. — **Égalité de deux arcs.** — Deux arcs $\overset{\frown}{AB}$, $\overset{\frown}{A'B'}$ peuvent être superposés en totalité ou en partie, lorsqu'ils appartiennent à un *même cercle*, ou à des *cercles égaux*. Ils sont dits *égaux*, si l'on peut transporter $\overset{\frown}{AB}$ sur $\overset{\frown}{A'B'}$, de manière que les extrémités coïncident; alors ils coïncident dans toute leur étendue. En même temps, les cordes qui les sous-tendent, coïncidant, sont égales.

On peut effectuer cette superposition en transportant soit A sur A′ et B sur B′, soit B sur A′ et A sur B′.

59. — Somme de plusieurs arcs. — Portons sur la même circonférence et bout à bout dans le même sens plusieurs arcs de *même rayon* $\overset{\frown}{AB}$, $\overset{\frown}{BC}$, $\overset{\frown}{CD}$, $\overset{\frown}{DE}$; l'arc $\overset{\frown}{AE}$ est dit la somme des arcs donnés. Cette somme est évidemment indépendante de l'ordre des arcs.

60. — Comparaison de deux arcs. — Pour comparer deux arcs de *même rayon*, on les porte sur une circonférence de même rayon qu'eux à partir d'un même point et dans le même sens, par exemple en $\overset{\frown}{AB}$ et $\overset{\frown}{AC}$ (fig. 30).

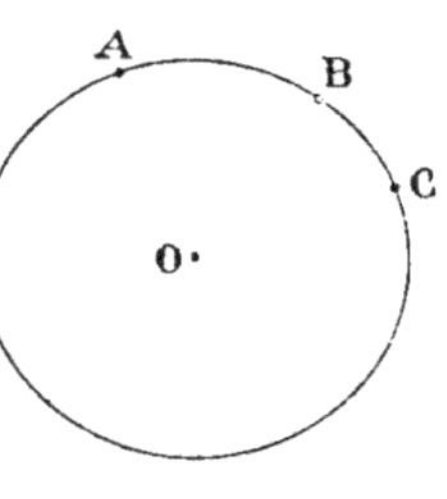

Fig. 30.

1° Si les points se suivent dans l'ordre A, B, C, l'arc $\overset{\frown}{AC}$ est égal à l'arc $\overset{\frown}{AB}$ plus l'arc $\overset{\frown}{BC}$. On dit alors que $\overset{\frown}{AC}$ est *plus grand* que $\overset{\frown}{AB}$ ($\overset{\frown}{AC} > \overset{\frown}{AB}$), ou que $\overset{\frown}{AB}$ est *plus petit* que $\overset{\frown}{AC}$ ($\overset{\frown}{AB} < \overset{\frown}{AC}$).

2° Si les points se suivent dans l'ordre A, C, B, on a $\overset{\frown}{AC} < \overset{\frown}{AB}$, ou $\overset{\frown}{AB} > \overset{\frown}{AC}$.

Dans les deux cas l'arc $\overset{\frown}{BC}$ qui, ajouté au plus petit, reproduit le plus grand, se nomme différence des deux arcs.

3° Si les deux arcs sont égaux, on sait que B vient en C; on dit alors que la *différence est nulle*.

61. — Milieu d'un arc. — Étant donné un arc de cercle $\overset{\frown}{AB}$, supposons un point M se déplaçant de A vers B. L'arc $\overset{\frown}{AM}$ croît constamment de zéro à $\overset{\frown}{AB}$, l'arc $\overset{\frown}{MB}$ décroît constamment de $\overset{\frown}{AB}$ à zéro. La somme $\overset{\frown}{AM} + \overset{\frown}{MB}$ étant fixe, il arrive *un* moment et *un seul* où $\overset{\frown}{AP} = \overset{\frown}{PB}$. Le point considéré P est dit **milieu** de $\overset{\frown}{AB}$.

Lorsqu'on applique un arc de cercle sur lui-même en permutant ses extrémités, le milieu seul reprend sa position primitive.

Ainsi, la comparaison de deux arcs de même rayon se fait d'une façon identique à celle de deux segments rectilignes ou de deux angles (voir les n^{os} **26** et **9**).

Cette analogie va nous conduire à des remarques importantes.

62. — **Relations entre les angles au centre et les arcs qu'ils interceptent.** — Nous avons comparé les angles AOB et AOC (fig. 31) en considérant l'ordre de succession des trois demi-droites OA, OB et OC (**26**). Du point O comme centre, avec un rayon quelconque OA, décrivons un arc de cercle. Les angles au centre $\widehat{AOB}$, $\widehat{AOC}$, interceptent les arcs respectifs $\overset{\frown}{AB}$, $\overset{\frown}{AC}$, et les points A, B, C se suivent dans le même ordre que les rayons qui aboutissent à ces points. D'où résultent immédiatement les conclusions suivantes :

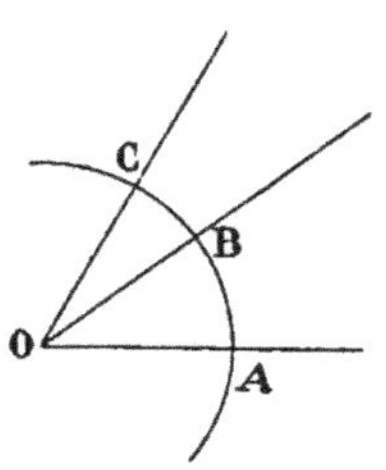

Fig. 31.

$$1° \text{ Si } \widehat{AOB} = \widehat{AOC}, \qquad \overset{\frown}{AB} = \overset{\frown}{AC}.$$
$$2° \text{ Si } \widehat{AOB} < \widehat{AOC}, \qquad \overset{\frown}{AB} < \overset{\frown}{AC}.$$
$$3° \text{ Si } \widehat{AOB} > \widehat{AOC}, \qquad \overset{\frown}{AB} > \overset{\frown}{AC}.$$

Ainsi : *dans un même cercle ou dans des cercles égaux :*
Deux angles au centre égaux interceptent des arcs égaux ;
Deux angles au centre inégaux interceptent des arcs inégaux, et le plus grand angle intercepte le plus grand arc.

63. — Les réciproques sont vraies : *Dans un même cercle ou dans des cercles égaux, à deux arcs égaux correspondent deux angles au centre égaux ; à deux arcs inégaux correspondent deux angles au centre inégaux, et au plus grand arc correspond le plus grand angle.*

Désignons en effet par $\widehat{A}$ et $\widehat{A}'$ les angles qui correspondent aux arcs respectifs $\overset{\frown}{a}$ et $\overset{\frown}{a}'$.

Je dis que, par exemple, $\widehat{a} > \widehat{a'}$ entraîne $\widehat{A} > \widehat{A'}$. En effet, tous les cas que l'on rencontre dans la comparaison de $\widehat{A}$ et $\widehat{A'}$ se réduisent à trois :

$$1° \ \widehat{A} = \widehat{A'}, \quad 2° \ \widehat{A} < \widehat{A'}, \quad 3° \ \widehat{A} > \widehat{A'}.$$

D'après le théorème direct (**62**), le premier entraîne $\widehat{a} = \widehat{a}$ et le second $\widehat{a} < \widehat{a'}$.

Puisque $\widehat{a} > \widehat{a'}$ (hypothèse), ces deux cas sont à rejeter. Le troisième est donc *forcément* réalisé, d'où $\widehat{A} > \widehat{A'}$.

64. — REMARQUE. — Constatons 1° que toutes les hypothèses possibles sur $\widehat{A}$ et $\widehat{A'}$ ont été faites ; 2° que nous avons été conduits à des conclusions toutes distinctes relativement à $\widehat{a}$ et $\widehat{a'}$; 3° que ces conclusions sont précisément toutes les hypothèses possibles qu'on pourrait faire sur $\widehat{a}$ et $\widehat{a'}$. Il est à retenir désormais que si, dans une proposition directe, *toutes* ces conditions sont remplies, les réciproques sont vraies et peuvent se démontrer de la même manière que ci-dessus.

Cette manière de prouver une réciproque à l'aide de la proposition directe s'appelle communément **démonstration par réduction à l'absurde**, locution abrégée qui veut dire qu'on établit cette réciproque en faisant voir que les autres conclusions conduisent toutes à des conséquences absurdes (contradictoires avec l'hypothèse).

Ce raisonnement est rapide lorsque la question étudiée ne présente qu'un très petit nombre de cas distincts, ce qui arrive généralement en mathématiques. C'est pourquoi il est plus usité dans cette science que dans les autres.

65. — CONSÉQUENCES. — Tous les angles droits étant égaux, un angle droit qui occupe la position d'angle au centre intercepte le quart de la circonférence ; cet arc se nomme un **quadrant**. La 90ᵉ partie de cet arc, c'est-à-dire la 360ᵉ partie de la circonférence est un **arc d'un degré**. A cet arc correspond l'angle d'un degré qui est la 90ᵉ partie de l'angle droit.

L'arc d'une minute est la 60ᵉ partie de l'arc d'un degré, l'arc d'une seconde est la 60ᵉ partie de l'arc d'une minute. Les angles au centre correspondants sont appelés angles d'une minute, d'une seconde.

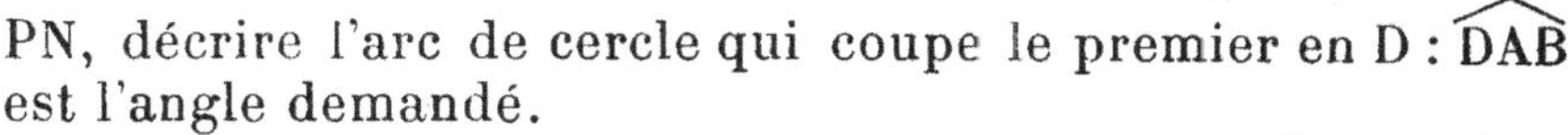

Fig. 32.

66. — CONSTRUCTION. — *Par un point* A *donné sur une droite* AB, *faire un angle égal à un angle donné* M (fig. 32).

Des points M et A comme centres, avec la même ouverture de compas, tracer les arcs $\overset{\frown}{PN}$ et $\overset{\frown}{CD}$.

Du point C comme centre avec un rayon égal à la corde PN, décrire l'arc de cercle qui coupe le premier en D : $\overset{\frown}{DAB}$ est l'angle demandé.

En effet, puisque $\overline{CD} = \overline{PN}$, $CD = \overset{\frown}{PN}$; d'où $\overset{\frown}{CAD} = \overset{\frown}{PMN}$.

REMARQUE. — Pour obtenir $\overset{\frown}{CD} = \overset{\frown}{PN}$, nous avons porté corde CD = corde PN. Cette transformation est permise, ainsi que nous le verrons plus tard (**154**).

CHAPITRE V

ÉGALITÉ DES POLYGONES

67. — **Définitions.** — Un **polygone** est une portion de plan limitée par un contour unique formé de segments de droites. Ces segments sont appelés les **côtés** du polygone ; leurs extrémités en sont les **sommets**.

Un polygone est dit **convexe** quand un côté quelconque

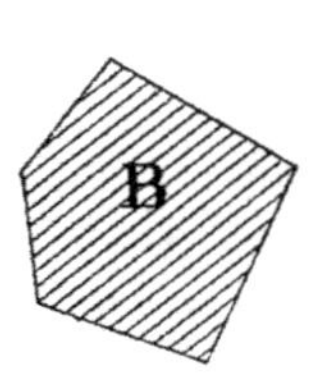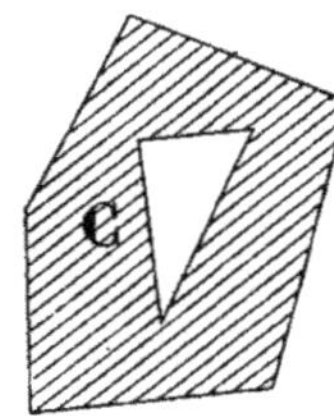

Fig. 33.

prolongé indéfiniment ne le coupe pas ; il est dit **concave** dans le cas contraire.

Les propositions qui suivent sont évidentes :

Une droite ne peut couper le contour (ou périmètre) d'un polygone convexe en plus de deux points. — Le segment de droite qui joint un point intérieur d'un polygone convexe à un point extérieur coupe forcément le contour du polygone, mais en un seul point.

A est un polygone concave (fig. 33) ; B est un polygone convexe ; C n'est pas un polygone.

On classe les polygones d'après le nombre de leurs côtés. — Le **triangle** a 3 côtés, le **quadrilatère** 4, le **pentagone** 5, l'**hexagone** 6, l'**octogone** 8, le **décagone** 10, le **dodécagone** 12.

On appelle **diagonale** d'un polygone toute droite joignant deux sommets non consécutifs. — Le triangle n'a donc point de diagonales. — La somme des côtés d'un polygone s'appelle le **périmètre** de ce polygone.

68. — **Triangle.** — Trois points, A, B, C, non en ligne droite, déterminent le triangle A, B, C (fig. 34). Le triangle est forcément un polygone convexe.

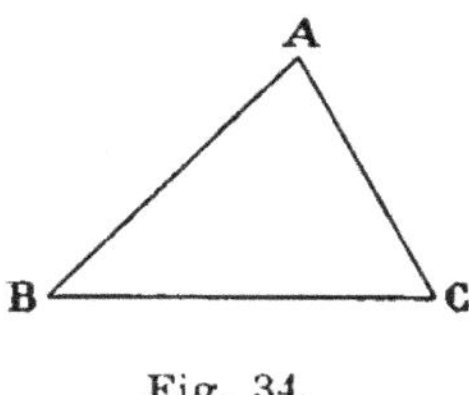

Fig. 34.

Les angles $\hat{A}$, $\hat{B}$, $\hat{C}$ sont appelés angles du triangle. — Un angle et un côté sont **adjacents** si le sommet de l'angle se trouve sur le côté ($\hat{A}$ est dit adjacent aux côtés AB et AC; $\hat{A}$ et $\hat{C}$ sont adjacents au côté AC). Un angle $\hat{A}$ est dit **compris** entre les côtés AB, AC, auxquels il est adjacent. Un angle $\hat{A}$ et un côté BC non adjacents sont dits **opposés**. — Un triangle se désigne par les trois lettres qui représentent les trois sommets.

TRIANGLE ISOCÈLE. — Sur les côtés Ax, Ay d'un angle (fig. 35),

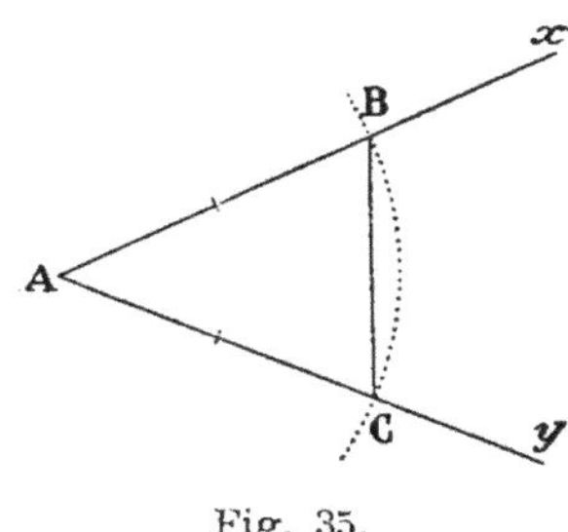

Fig. 35.

portons AB $=$ AC et joignons BC. Le triangle ABC est dit **isocèle**. Donc un triangle est **isocèle** si deux de ses côtés sont égaux. Dans ce cas, on appelle plus spécialement **sommet** le point de rencontre A des côtés égaux; le côté BC opposé au sommet A est la **base**; les points B et C sont les sommets de la base; $\hat{A}$ est l'angle au sommet, $\hat{B}$ et $\hat{C}$ les angles à la base.

TRIANGLE ÉQUILATÉRAL. — Un triangle **équilatéral** a ses trois côtés égaux.

TRIANGLE RECTANGLE. — Un triangle **rectangle** est un triangle qui a un angle droit. Le côté opposé à cet angle droit se nomme **hypoténuse**.

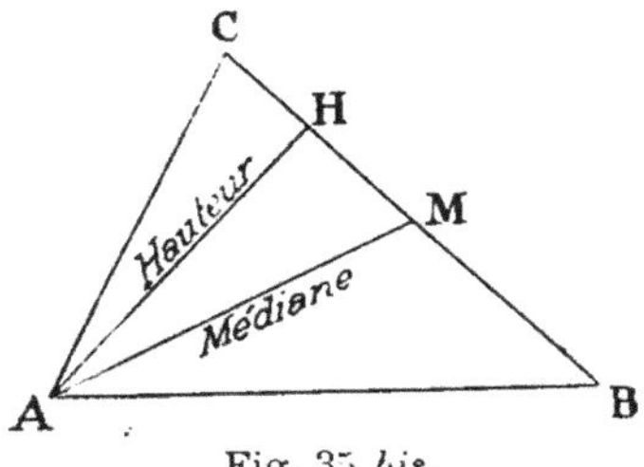

Fig. 35 bis.

MÉDIANE. HAUTEUR. — La droite AM qui joint le sommet A au milieu M du côté opposé BC est la **médiane** issue de A. La perpendiculaire AH menée d'un sommet A sur le côté BC opposé est la **hauteur** issue de A (fig. **35** *bis*).

69. — APPLICATION. — On donne deux côtés, AB et BC d'un quadrilatère, où doit se trouver le quatrième sommet pour que le quadrilatère soit convexe?

70. — CONSTRUCTION. — *Construire un triangle, connaissant un côté c et les angles adjacents* $\hat{A}$ *et* $\hat{B}$ (fig. 36).

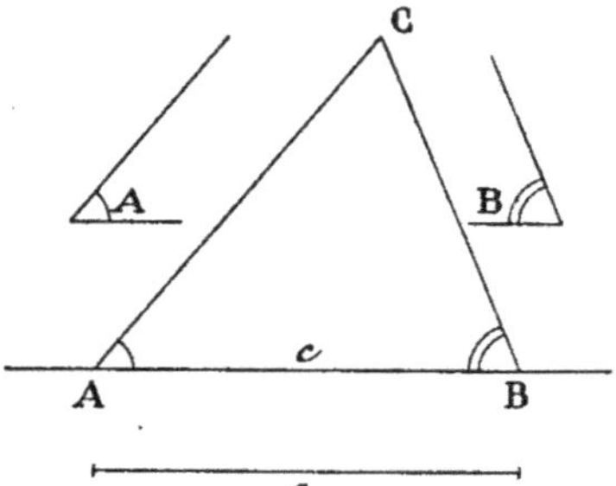

Porter AB $= c$. En A faire avec AB un angle égal à $\hat{A}$; faire en B, avec BA, et du même côté de AB un angle égal à $\hat{B}$: ABC est le triangle demandé.

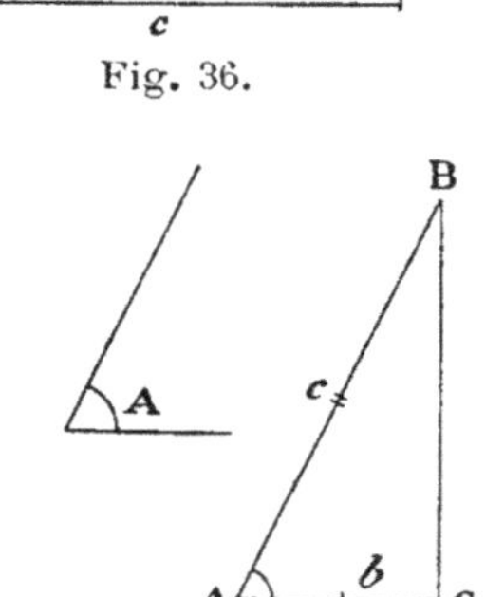

Fig. 36.

71. — CONSTRUCTION. — *Construire un triangle connaissant deux côtés* b *et* c *et l'angle compris* $\hat{A}$ (fig. 37).

Construire un angle égal à $\hat{A}$. Sur ses côtés porter AB $= c$ et AC $= b$.

ABC est le triangle demandé.

Fig. 37.

72. — CONSTRUCTION. — *Construire un triangle connaissant les trois côtés* a, b, c.

Porter BC $= a$ (fig. 38).

Décrire un cercle de rayon c, et de centre B ; puis un cercle de rayon b et de centre C. Si les deux circonférences se coupent en A et A′, les triangles ABC et A′BC répondent à la question.

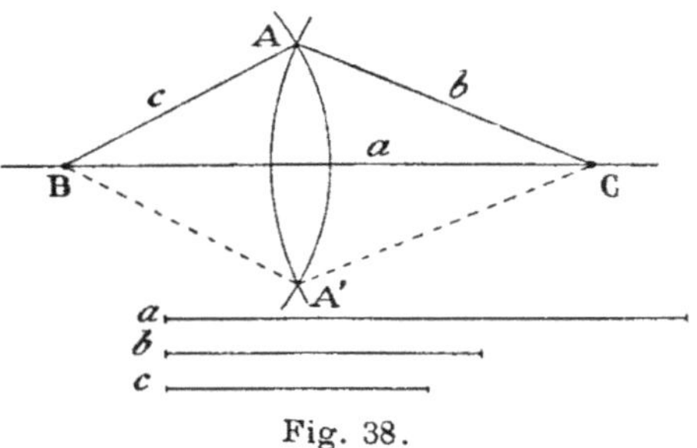

Fig. 38.

73. — EXERCICES. — *Construire un polygone connaissant :*

I. — *Les angles et les côtés consécutifs.*

II. — *Les côtés et les diagonales issues d'un même sommet.*

III. — *Un segment de droite* xy *et les angles que forment avec* xy *les demi-droites issues des extrémités* x *et* y *du segment et aboutissant aux sommets du polygone.* Dans chaque cas examiner s'il y a besoin de tous les angles et de tous les segments énumérés.

74. — Dans chacun des problèmes précédents, la répétition de la construction indiquée conduirait à autant de solutions qu'on voudrait. En réalité, toutes les figures qu'on obtiendrait sont égales. Nous allons le prouver (**78 à 90**).

Si l'on étudie d'une façon toute spéciale les propriétés du triangle, c'est parce que le triangle est le plus simple de tous les polygones, et que tout polygone peut être considéré comme un assemblage de triangles, obtenus en joignant un point quelconque du plan du polygone aux divers sommets de ce polygone.

Tout triangle jouit de la propriété suivante :

75. — **Théorème.** — *Dans un triangle, un côté quelconque est :* 1° *plus petit que la somme des deux autres ;* 2° *plus grand que leur différence.*

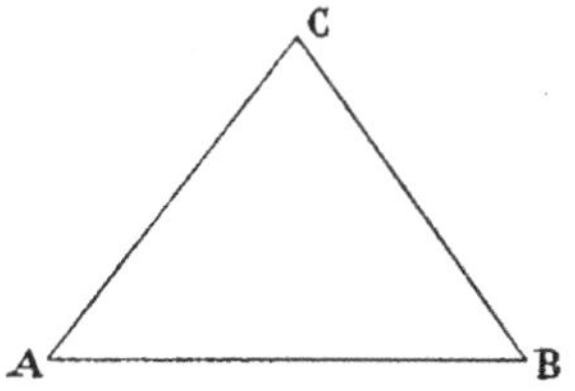

La première partie est évidente (**8**).

2° En supposant AB > AC (fig. 39), je dis que

$$AB - AC < BC.$$

Fig. 39.

Cette relation peut en effet s'écrire : AB < BC + AC, ce qui est exact (1re partie).

76. — COROLLAIRE. — *Soit* D *un point quelconque intérieur au triangle* ABC (fig. 40), *je dis que*

$$AD + DB < AC + CB.$$

En effet, prolongeons AD jusqu'à sa rencontre E avec BC.

On a :
$$AD + DE < AC + CE,$$
et
$$DB < DE + EB.$$

En ajoutant membre à membre et en simplifiant, on obtient :

$$AD + DB < AC + CB.$$

77. — Pour voir si deux figures sont égales, il faut transporter l'une sur l'autre (**3**). — Ce procédé, qui présente déjà des difficultés presque insurmontables quand les figures ont de grandes dimensions, est inapplicable quand il s'agit de figures adhérentes au sol, par exemple deux champs triangulaires.

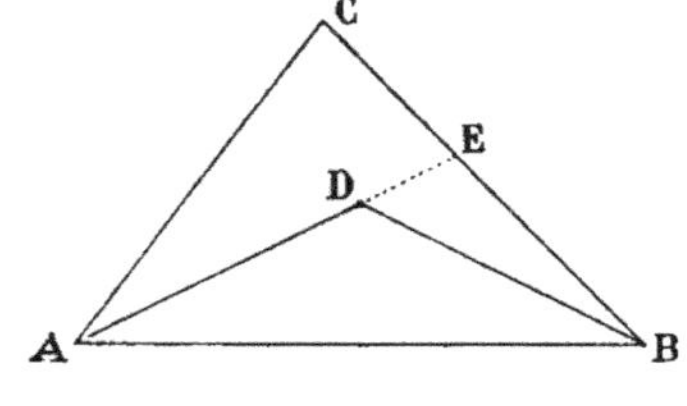
Fig. 40.

Les trois propositions suivantes, appelées **cas d'égalité des triangles**, expriment les conditions *nécessaires* et *suffisantes* pour que deux triangles soient égaux. Une fois ces propositions établies, nous n'aurons plus qu'à comparer des angles et des longueurs pour savoir si deux triangles sont égaux ; le transport de l'un sur l'autre sera inutile.

CAS D'ÉGALITÉ DES TRIANGLES QUELCONQUES

78. — **Premier cas d'égalité.** — *Deux triangles sont égaux quand ils ont un côté égal, adjacent à deux angles égaux chacun à chacun* (fig. **41**).

Hypothèse.
ABC et DEF triangles.
$\overline{AB} = \overline{DE}$,
$\hat{A} = \hat{D}$,
$\hat{B} = \hat{E}$.

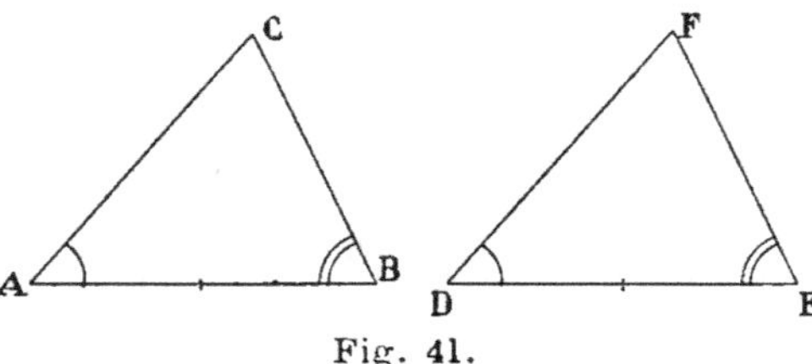

Conclusion.
ABC = DEF.

Fig. 41.

Transportons le côté AB sur son égal DE, de manière que le sommet A coïncide avec D, B avec E (ce qui est possible, en vertu de $\overline{AB} = \overline{DE}$) et que les deux triangles soient situés, après le transport, dans le même demi-plan limité à la droite DE. Puisque $\widehat{A} = \widehat{D}$ et $\widehat{B} = \widehat{E}$ (hypothèse), AC prend la direction DF, et BC prend la direction EF, donc C, intersection de AC et BC, vient en F, intersection de DF et EF. Les deux triangles coïncident.

Les égalités de l'hypothèse entraînent donc :

$$\widehat{C} = \widehat{F}, \qquad \overline{AC} = \overline{DF}, \qquad \overline{BC} = \overline{EF}.$$

79. — Corollaire. — *Un triangle est isocèle si deux de ses angles sont égaux* (fig. 42).

Hypothèse.

ABC triangle.

$\widehat{B} = \widehat{C}.$

Conclusion.

$\overline{AB} = \overline{AC}.$

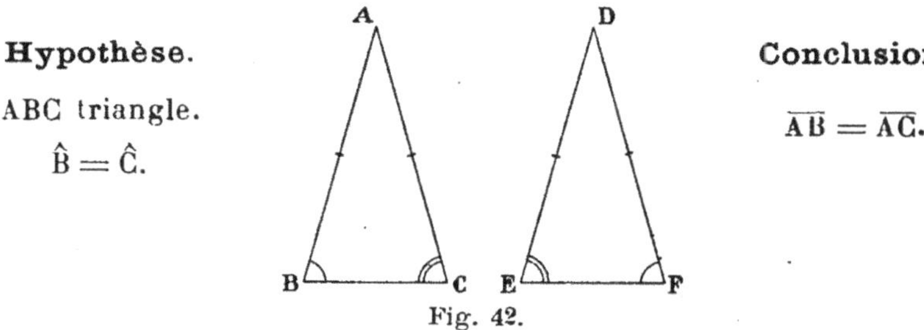

Fig. 42.

Considérons le triangle DEF, obtenu en retournant le plan du triangle ABC : il est tel par conséquent que

$$\overline{EF} = \overline{BC}, \qquad \widehat{E} = \widehat{C} = \widehat{B}, \qquad \widehat{F} = \widehat{B} = \widehat{C}.$$

On peut superposer les triangles ABC et DEF comme ci-dessus, en portant $\overline{BC}$ sur $\overline{EF}$. D'où résulte $\overline{AB} = \overline{DE}$.

Mais $\overline{DE}$ n'est autre que $\overline{AC}$. Donc $\overline{AB} = \overline{AC}$.

Donc un triangle équiangle est aussi équilatéral.

80. — Application. — *Un triangle est isocèle si une bissectrice est en même temps hauteur* (fig. 43).

Hypothèse.

ABC triangle.

$\widehat{BAD} = \widehat{CAD}.$

$\widehat{ADB} = \widehat{ADC}.$

Conclusion.

$\overline{AB} = \overline{AC}.$

$\widehat{B} = \widehat{C}.$

$\overline{BD} = \overline{DC}.$

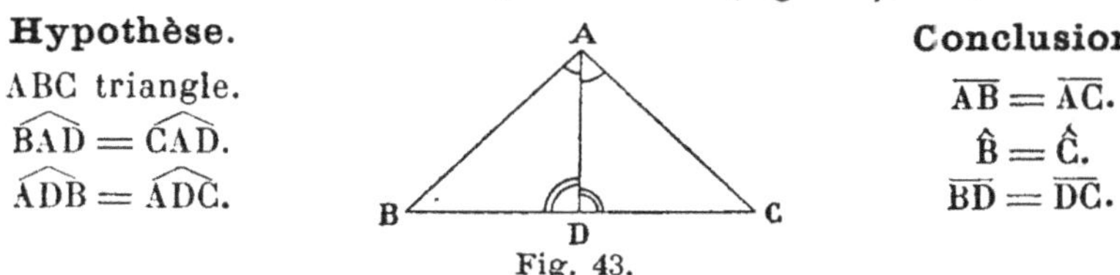

Fig. 43.

Cela résulte immédiatement de l'égalité des triangles ADB et ADC.

81. — **Deuxième cas d'égalité**. — *Deux triangles sont égaux quand ils ont un angle égal, compris entre deux côtés égaux chacun à chacun* (fig. 44).

Hypothèse.

ABC et DEF triangles.
$$\hat{A} = \hat{D},$$
$$\overline{AB} = \overline{DE}.$$
$$\overline{AC} = \overline{DF}.$$

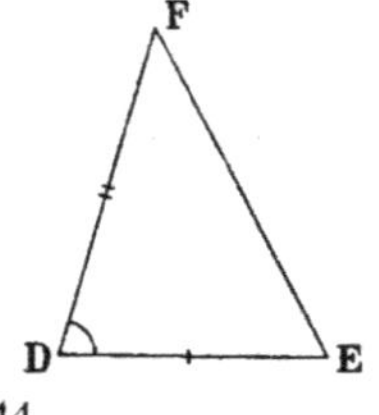

Conclusion.

$$ABC = DEF.$$

Fig. 44.

Transportons le sommet A en D, et faisons coïncider les directions AB et DE, AC et DF (ce qui est possible, puisque $\hat{A} = \hat{D}$). Puisque $\overline{AB} = \overline{DE}$, et $\overline{AC} = DF$, les points B et C viennent respectivement en E et F.

Les deux triangles coïncident.

Les égalités de l'hypothèse entraînent donc :

$$\overline{BC} = \overline{EF}, \qquad \hat{B} = \hat{E}, \qquad \hat{C} = \hat{F}.$$

82. — COROLLAIRE. — *Dans un triangle isocèle, les angles à la base sont égaux* (fig. 45).

Hypothèse.

ABC triangle.
$$\overline{AB} = \overline{AC}.$$

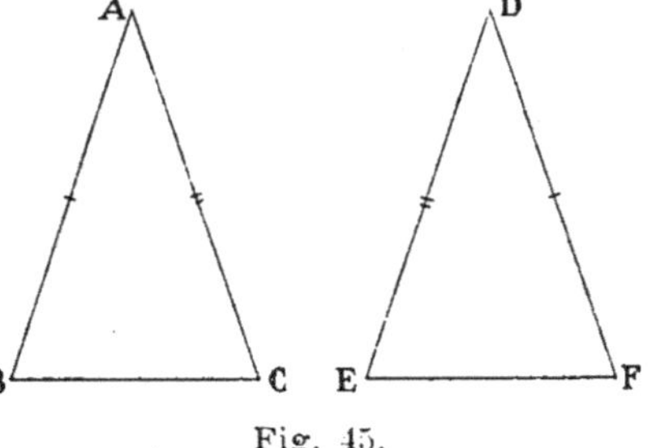

Conclusion.

$$\hat{B} = \hat{C}.$$

Fig. 45.

Considérons le triangle DEF, obtenu en retournant le plan du triangle ABC : il est tel par conséquent que

$$\hat{D} = \hat{A}, \qquad \overline{DE} = \overline{AC} = \overline{AB}, \qquad \overline{DF} = \overline{AB} = \overline{AC}.$$

On peut superposer les triangles ABC et DEF comme ci-dessus, en portant A sur D, et en faisant coïncider les directions AB et DE, AC et DF. D'où résulte $\hat{B} = \hat{E}$. Mais l'angle E n'est autre que l'angle C. Donc $\hat{B} = \hat{C}$.

83. — APPLICATIONS. — I. *Dans un triangle isocèle, la bissectrice de l'angle au sommet est en même temps médiane et hauteur* (fig. 46).

Hypothèse.

ABC triangle.
$\overline{AB} = \overline{AC},$
$\widehat{BAD} = \widehat{DAC}.$

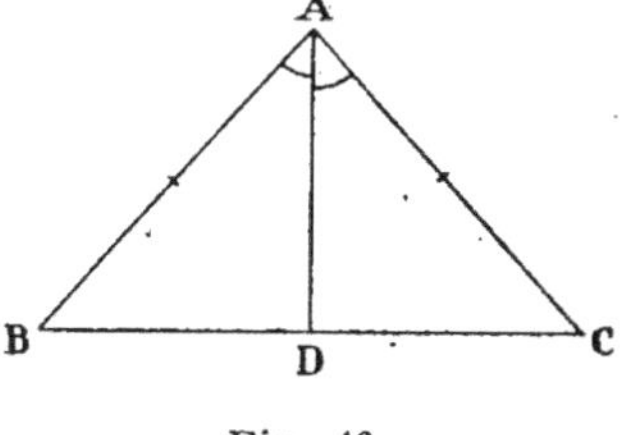

Conclusion.

$\overline{DB} = \overline{DC},$
$\widehat{ADB} = \widehat{ADC}.$

Fig. 46.

Cela résulte immédiatement de l'égalité des triangles ADB et ADC.

L'égalité des angles B et C, démontrée au numéro précédent, résulte aussi de l'égalité des deux triangles ADB et ADC.

II. — *Un triangle est isocèle si une hauteur est en même temps médiane* (fig. 47).

Hypothèse.

ABC triangle.
$\widehat{ADB} = \widehat{ADC}.$
$\overline{BD} = \overline{DC}.$

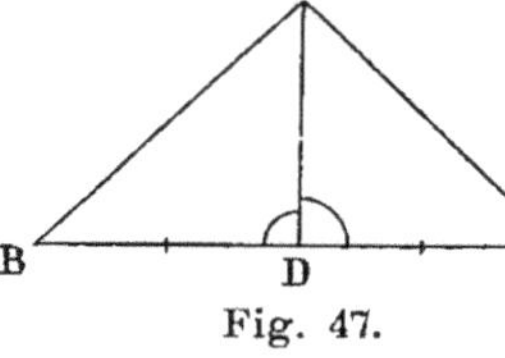

Conclusion.

$\overline{AB} = \overline{AC}.$

Fig. 47.

Cela résulte immédiatement de l'égalité des triangles ADB et ADC (**81**).

84. — COROLLAIRE. — *Dans un triangle isocèle, la médiane qui aboutit au milieu de la base est hauteur et bissectrice* (fig. 48).

Hypothèse.

ABC triangle.
$AB = AC$
$BD = DC.$

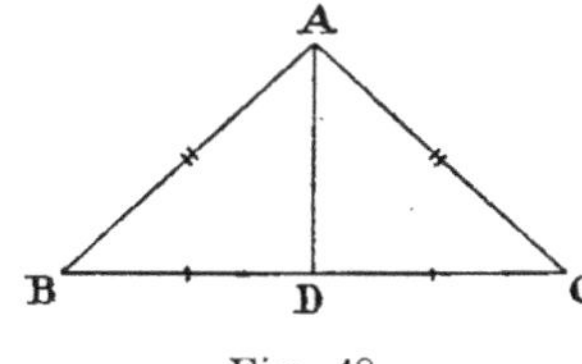

Conclusions.

$\widehat{ADB} = \widehat{ADC}$
$\widehat{DAB} = \widehat{DAC}.$

Fig. 48.

Cela résulte de l'égalité des triangles ADB et ADC (**81** et **82**).

85. — Troisième cas d'égalité. — *Deux triangles sont égaux quand ils ont leurs trois côtés égaux chacun à chacun* (fig. 49).

Hypothèse.

ABC et DEF
triangles.
$\overline{AC} = \overline{DF}$
$\overline{AB} = \overline{DE}$
$\overline{BC} = \overline{EF}$.

Conclusion.

ABC = DEF.

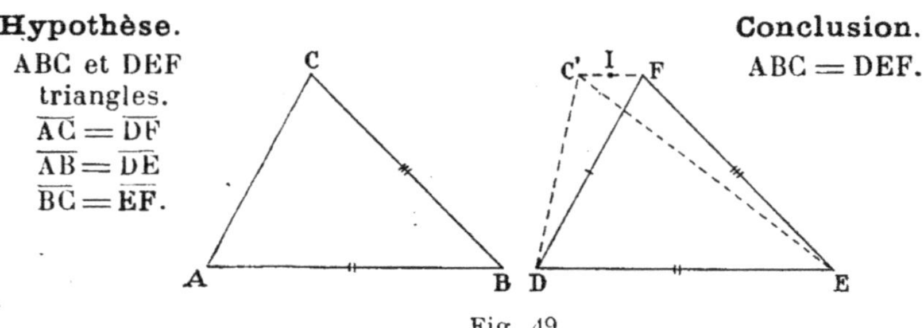

Fig. 49.

Portons $\overline{AB}$ sur $\overline{DE}$, A venant en D et B en E, le sommet C étant du même côté que F par rapport à DE. Si AC prend la direction DF les deux triangles sont égaux (**81**).

Si AC vient en DC′, nous avons les deux triangles isocèles C′DF et C′EF. I étant le milieu de C′F, les médianes ID et IE seraient toutes deux perpendiculaires en I à C′F (**84**) ce qui est impossible (**27**). Donc C′ et F se confondent, et les deux triangles sont égaux.

Par suite

$$\hat{A} = \hat{D}, \qquad \hat{B} = \hat{E}, \qquad \hat{C} = \hat{F}.$$

86. — REMARQUE. — Nous avons ici un nouvel exemple de *raisonnement par l'absurde* : si en faisant une certaine hypothèse (C′ distinct de F) on arrive à une conclusion absurde (par un point d'une droite on peut d'un côté de cette droite mener deux perpendiculaires) c'est que l'hypothèse faite est à rejeter. Et comme le nombre des hypothèses possibles est limité, quand on les a éliminées toutes sauf une, cette dernière est forcément exacte.

Ici deux hypothèses seulement étaient possibles :

1° C′ distinct de F, 2° C′ confondu avec F. La première n'étant pas acceptable, la seconde est forcément exacte.

87. — Théorème. — *Dans un triangle, à un plus grand angle est opposé un plus grand côté* (fig. 50).

3.

Hypothèse.

ABC triangle.

$\hat{B} > \hat{C}$.

Conclusion.

$\overline{AC} > \overline{AB}$.

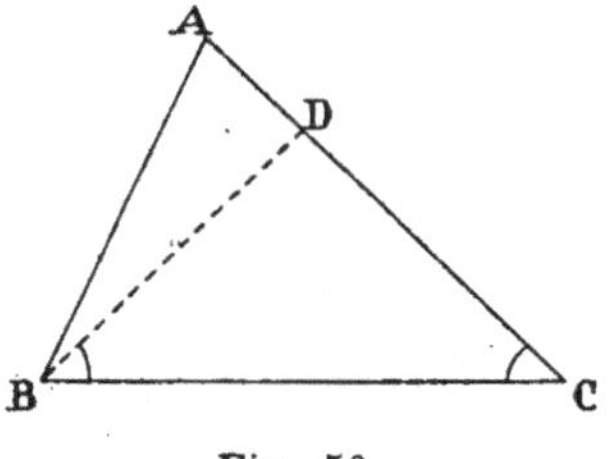

Fig. 50.

Construisons $\widehat{DBC} = \widehat{DCB}$, d'où DC = DB (**79**).
Dans le triangle ABD, on a

$$\overline{AB} < \overline{AD} + \overline{DB} \quad \text{ou} \quad \overline{AB} < \overline{AD} + \overline{DC}.$$

EXERCICE. — Faire la démonstration en construisant en C un angle égal à $\hat{B}$.

88. — **Théorème.** — *Si deux triangles ont un angle inégal compris entre côtés égaux chacun à chacun, les troisièmes côtés sont inégaux, et au plus grand angle est opposé le plus grand côté* (fig. **51**).

Hypothèse.

ABC et DEF triangles.

$\hat{A} > \hat{D}$
$\overline{AB} = \overline{DE}$
$\overline{AC} = \overline{DF}$.

Conclusion.

$\overline{BC} > \overline{EF}$.

Fig. 51.

Transportons DEF en ABG, de façon que DE coïncide avec son égal $\overline{AB}$, D étant en A. Puisque $\hat{D} < \hat{A}$, $\overline{DF}$ tombe en $\overline{AG}$ à l'intérieur de $\widehat{BAC}$, et la bissectrice $\overline{AH}$ de $\widehat{CAG}$ coupe $\overline{BC}$ en un point H, *situé entre* B *et* C. — Si G est sur BC, on a évidemment BG < BC. — Si G est en dehors, on a BG < GH + HB (**75**). Les triangles CHA et AHG sont égaux (**81**), d'où $\overline{HC} = \overline{HG}$ et il vient $\overline{BC} < \overline{HC} + \overline{HB}$.

La réciproque est vraie (**64**). Si, dans deux triangles, deux côtés sont égaux chacun à chacun et les troisièmes inégaux, les angles opposés à ces côtés inégaux sont inégaux, et au plus grand côté est opposé le plus grand angle.

89. — APPLICATIONS. — I. Le niveau de maçon se compose essentiellement d'un triangle isocèle ABC, où est marqué le milieu D de la base BC (fig. 52).

Un fil à plomb AF part du sommet A.

Ce fil à plomb est toujours vertical.

Pour que la base BC soit horizontale, il faut et il suffit que BC soit perpendiculaire à AF, autrement dit que AF soit la hauteur, c'est-à-dire que AF passe par le milieu D de BC (**86**).

II. — Pour voir si un niveau de maçon ABC est juste, on le place sur une surface horizontale et on note la position D du fil à plomb ; on le retourne bout pour bout et on note la position D′ du fil à plomb. Si D′ coïncide avec D, le niveau de maçon est juste.

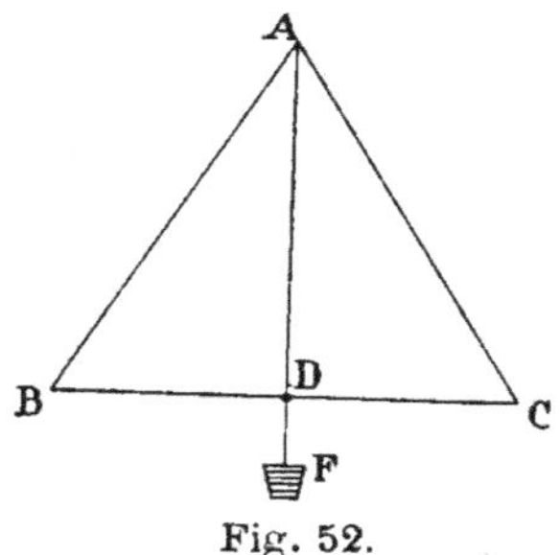

Fig. 52.

90. — **Conditions d'égalité des polygones**. — Il est évident que *deux polygones égaux sont décomposables en triangles égaux et disposés de la même façon*, et que, réciproquement, *si deux polygones sont décomposables en triangles égaux et disposés de la même façon, ces deux polygones sont égaux*.

EXERCICES

1. Trois villes A, B, C sont telles que AB = 15 km. et BC = 17. Entre quelles valeurs est comprise AC ?

2. Dans tout triangle, un côté quelconque est inférieur au demi-périmètre.

3. Si l'on joint un point pris à l'intérieur d'un polygone aux divers sommets, la somme des lignes de jonction est plus grande que le demi-périmètre du polygone.

4. La somme des diagonales d'un quadrilatère convexe est comprise entre le demi-périmètre et le périmètre entier.

5. Trouver sur une droite donnée un point tel que la différence de ses distances à deux points donnés soit la plus grande possible (géométrie plane).

6. Construire un triangle connaissant deux côtés et la médiane relative à l'un d'eux.

7. Construire un triangle isocèle connaissant sa base et son périmètre.

8. Dans un triangle isocèle, deux médianes sont égales.

9. Dans un triangle isocèle, deux bissectrices sont égales.

10. Sur le côté Ox d'un angle, on porte deux longueurs OA, OB, et sur le côté Ox' deux longueurs OA′, OB′, respectivement égales aux premières; on joint en croix AB′, BA′. Démontrer que le point I où se coupent ces deux droites appartient à la bissectrice de l'angle donné.

11. Si les angles B et C du triangle scalène ABC sont aigus, avec $\hat{B} > \hat{C}$: 1° la hauteur AH issue de A tombe entre B et C, le point H étant le plus près du sommet B; 2° la bissectrice AD tombe entre H et le sommet C.

12. Sur la corde AB du cercle O, on porte en sens inverse AM = BN. Montrer que OM = ON.

CHAPITRE VI

PERPENDICULAIRES ET OBLIQUES

91. — Un homme placé près d'une route rectiligne veut gagner cette route le plus rapidement possible : il prend la plus courte de toutes les lignes, celle qui ne penche ni d'un côté ni de l'autre, autrement dit la perpendiculaire à la route, issue du point où il se trouve.

Cette propriété de la perpendiculaire, qui semble presque instinctive, résulte des propositions suivantes :

92. — **Théorème.** — *Si, d'un point extérieur à une droite, on mène à cette droite la perpendiculaire et des obliques :*

1° La perpendiculaire est plus courte que toute oblique ;

2° Deux obliques dont les pieds sont équidistants du pied de la perpendiculaire sont égales.

3° La longueur d'une oblique est d'autant plus grande que son pied est plus éloigné de celui de la perpendiculaire.

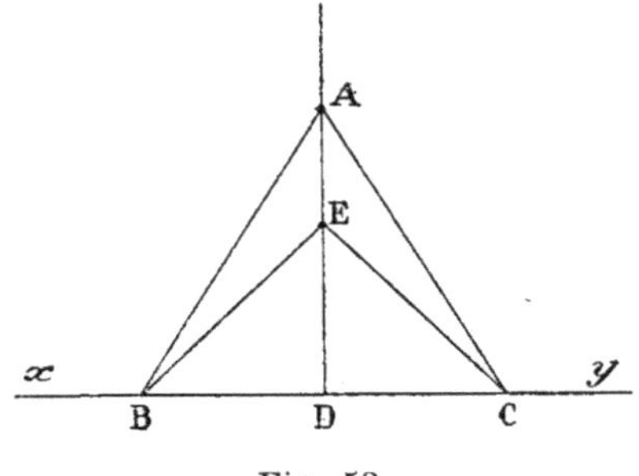

Fig. 53.

Si BC est perpendiculaire à AD (fig. 53) et si BD = DC, le triangle est isocèle (**83**, II), d'où par exemple EB = EC AB = AC. La deuxième partie est démontrée.

On a aussi : BC < BE + EC < BA + AC, ou, en prenant les moitiés :

$$BD < BE < BA.$$

La première et la troisième parties sont démontrées.

Aux trois hypothèses possibles correspondent trois conclusions distinctes : les réciproques sont donc vraies (**64**), et :

1° *La portion de droite la plus courte qu'on puisse mener d'un point A extérieur à une droite* xy *aux différents points de cette droite est la perpendiculaire menée du point A à la droite* xy.

2° *Les pieds de deux obliques égales menées du point A à la droite* xy *sont équidistants du pied de la perpendiculaire menée du point A à la droite.*

3° *Les pieds de deux obliques inégales issues de A sont inégalement distants du pied de la perpendiculaire abaissée du point A à la droite, et le pied de la plus grande oblique est le plus éloigné.*

CorollAIRE. — *Dans un triangle rectangle, chaque côté de l'angle droit est plus petit que l'hypoténuse.*

93. — Ainsi de toutes les droites que l'on peut mener d'un point A à une droite *xy* (fig. 54), une et une seule AH est à la fois perpendiculaire à *xy* et plus courte que toutes les autres. C'est pour cette raison qu'on appelle **distance d'un point A à une droite xy** la distance du point A au pied H de la perpendiculaire menée de ce point à la droite, ou encore la distance du point A à sa projection sur *xy*.

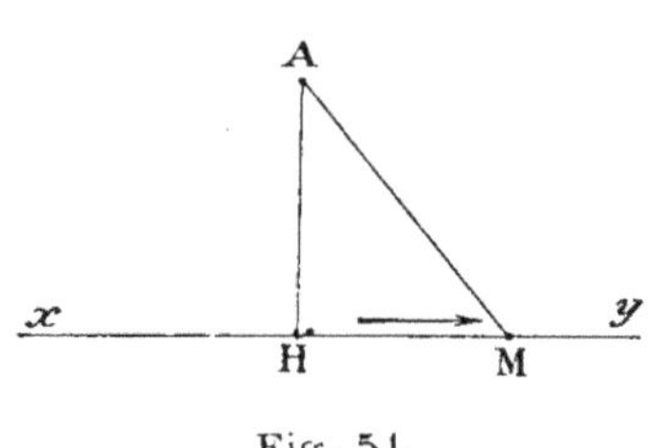

Fig. 54.

Par contre, du point A, on peut mener deux et deux obliques seulement de longueur donnée, plus grandes que la distance de A à la droite, et les pieds de ces deux obliques sont situés de part et d'autre du pied H de la perpendiculaire. Car le pied M de l'oblique AM s'éloignant de H dans le sens de la flèche (fig. 54), AM croît constamment (**92**), de plus AM peut devenir aussi grand qu'on veut, puisque $\overline{AM} > \overline{HM}$ et que $\overline{HM}$ peut être aussi grand qu'on veut. Autrement dit : M se déplaçant sur la demi-droite H*y*, l'oblique AM passe une fois, et une fois seulement, par toute valeur plus grande que AH. Même raisonnement lorsqu'on regarde la direction Hx.

CAS D'ÉGALITÉ DES TRIANGLES RECTANGLES

94. — Les triangles rectangles se rencontrent très fréquemment en Géométrie. Les cas d'égalité des triangles précédemment étudiés leur sont applicables. Les deux propositions suivantes, appelées **cas d'égalité des triangles rectangles**, sont spéciales à ces triangles et expriment des conditions nécessaires et suffisantes pour que deux triangles rectangles soient égaux, c'est-à-dire superposables. Ces conditions sont au nombre de *deux*, et non plus de *trois*, parce que deux triangles rectangles ont déjà un angle égal, l'angle droit.

95. — **Premier cas d'égalité.** — *Deux triangles rectangles sont égaux quand ils ont l'hypoténuse égale et un angle aigu égal* (fig. 55).

Hypothèse.

ABC et DEF triangles
$\hat{A} = \hat{D} = 1$ droit
$\overline{BC} = \overline{EF}$
$\hat{B} = \hat{E}$.

Conclusion.

ABC = DEF.

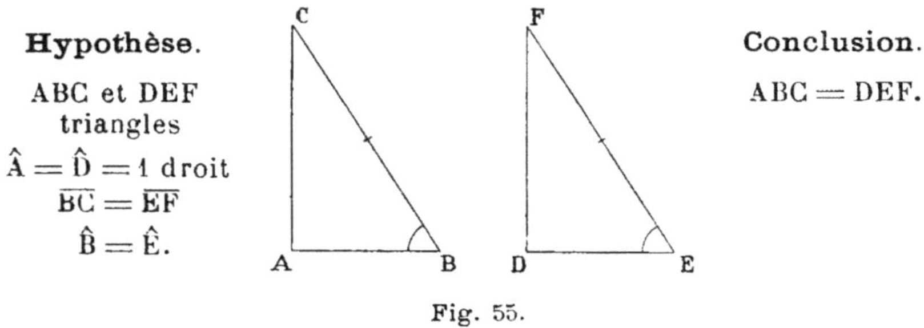

Fig. 55.

Transportons $\hat{B}$ sur son égal $\hat{E}$, BC prenant la direction EF. Comme $\overline{BC} = \overline{EF}$ (*Hy*), C vient en F. BA ayant pris la direction ED, CA se confond avec FD (**29**). Les deux triangles coïncident.

Les égalités de l'hypothèse entraînent donc :

$$\hat{C} = \hat{F}, \quad \overline{AC} = \overline{DF}, \quad \overline{AB} = \overline{DE}.$$

96. — **Deuxième cas d'égalité.** — *Deux triangles rectan-*

gles sont égaux, quand ils ont l'hypoténuse égale, et un côté de l'angle droit égal (fig. 56).

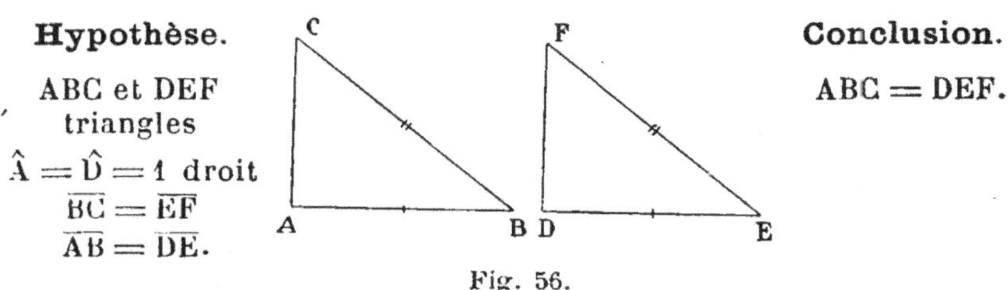

Hypothèse.

ABC et DEF
triangles

$\hat{A} = \hat{D} = 1$ droit
$\overline{BC} = \overline{EF}$
$\overline{AB} = \overline{DE}$.

Conclusion.

ABC = DEF.

Fig. 56.

Transportons $\hat{A}$ sur son égal $\hat{D}$, AB prenant la direction DE. Comme $\overline{AB} = \overline{DE}$ (*Hy*), le point B vient en E. AC ayant pris la direction DF, BC se confond avec EF (**92**, *réciproque* 2°). Les deux triangles coïncident.

Les égalités de l'hypothèse entraînent donc :

$$\hat{C} = \hat{F}, \quad \hat{B} = \hat{E}, \quad \overline{AC} = \overline{DF}.$$

APPLICATION. — Dans un triangle isocèle, la hauteur relative à la base est en même temps médiane et bissectrice.

DIAMÈTRE PERPENDICULAIRE A UNE CORDE

97. — **Théorème**. — *Tout diamètre perpendiculaire à une corde divise cette corde et les arcs qu'elle sous-tend en deux parties égales.*

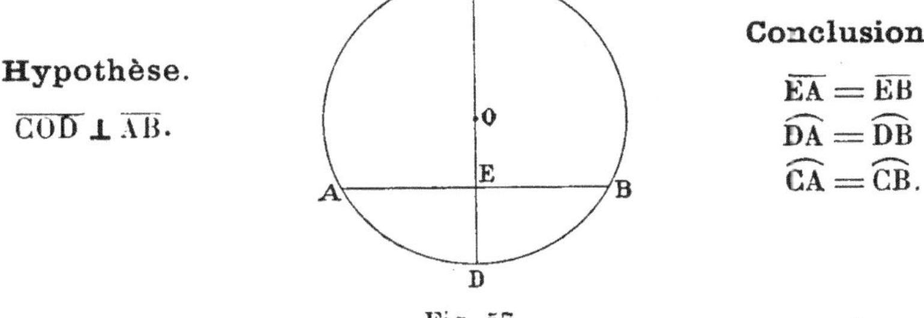

Hypothèse.

$\overline{COD} \perp \overline{AB}$.

Conclusions.

$\overline{EA} = \overline{EB}$
$\overparen{DA} = \overparen{DB}$
$\overparen{CA} = \overparen{CB}$.

Fig. 57.

Faisons tourner le demi-cercle CBD autour de CD, il se superpose au demi-cercle CAD (**54**). D'autre part EB prend la direction EA (*Hy*). Donc B vient en A ; d'où :

$$\overline{EA} = \overline{EB}, \quad \overparen{DA} = \overparen{DB}, \quad \overparen{CA} = \overparen{CB}.$$

98. — R ᴇᴍᴀʀǫᴜᴇ. — La droite CD satisfait donc aux 5 conditions suivantes :

Elle est un diamètre ;

Elle est perpendiculaire à la corde AB ;

Elle passe par le milieu de cette corde ;

Elle passe par chacun des milieux des arcs sous-tendus par cette corde (condition double).

Deux de ces conditions suffisent pour déterminer une droite, donc elles entraînent les trois autres et l'on peut dire, par exemple, que dans un cercle :

La perpendiculaire à une corde en son milieu passe par le centre du cercle et par les milieux des arcs sous-tendus par la corde.

La droite qui joint les milieux de deux arcs sous-tendus par une corde est un diamètre perpendiculaire à cette corde en son milieu.

POSITIONS RELATIVES D'UNE DROITE ET D'UN CERCLE

99. — **Définitions.** — Soient la circonférence de centre O, de rayon R, et la droite D (fig. 58) ; menons la perpendiculaire OH à D, nous savons que H est le point de D le plus rapproché de O.

1° Si $\overline{OH} > R$, H est extérieur à la circonférence, il en est *a fortiori* de même pour tous les autres points de D. La droite ne rencontre pas la circonférence. On dit alors que la droite est **extérieure** au cercle.

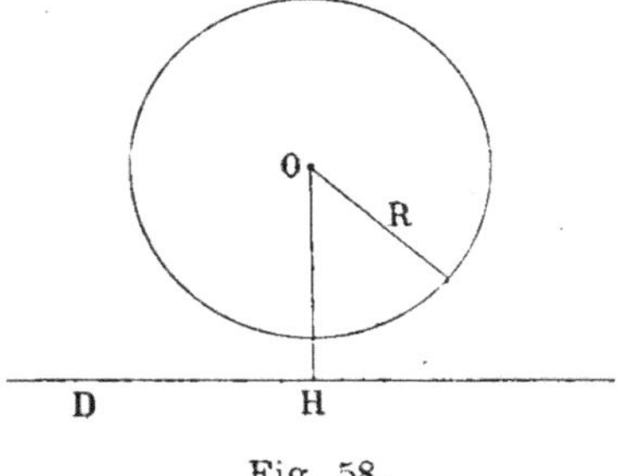

Fig. 58.

2° Si $\overline{OH} = R$, H est sur la circonférence. Tous les autres points de D sont extérieurs à la circonférence (**92**). La droite rencontre la circonférence en *un seul* point, appelé **point de contact** : on dit alors que la droite est **tangente** à la circonférence.

Cette notion de tangente est très naturelle : « Tout le monde n'est sans doute pas familiarisé avec le mot, mais bien peu de gens ignorent la chose, et quand on parle de deux lignes qui se touchent, qui n'ont qu'un point de contact, personne ne se méprend sur la nature du phénomène, personne ne le confond avec celui d'une ligne qui en rencontre une autre et qui passe du dedans au dehors. Nous en avons un spécimen matériel sous les yeux chaque fois qu'un disque circulaire, la roue d'un véhicule par exemple, roule sur une bande en bois ou en fer. Le transport des voitures sur rails, aujourd'hui si répandu, est une continuelle application de la tangence. De tels faits suffisent à suggérer la notion de tangence, mais il convient d'épurer le phénomène et de le voir en sa forme idéale.

La droite et la courbe étant deux genres différents, dont l'un exclut l'autre, elles ne peuvent avoir une partie finie commune. Quelle que soit donc la manière dont elles viennent à se rencontrer, elles ne peuvent avoir à ce moment qu'un point commun. Mais les effets de la rencontre sont très différents, selon que la droite passe au travers de la courbe, la pénètre, ou selon, au contraire, qu'elle l'effleure sans la percer, ainsi que nous voyons le rail servir d'appui à la roue. C'est ce second cas, celui du contact géométrique, qui s'appelle **tangence** ». (DE FREYCINET.)

3° Si OH < R, il existe de part et d'autre de H un point et un seul situé à la distance R du centre O (**93**).

La droite coupe la circonférence en deux points et deux

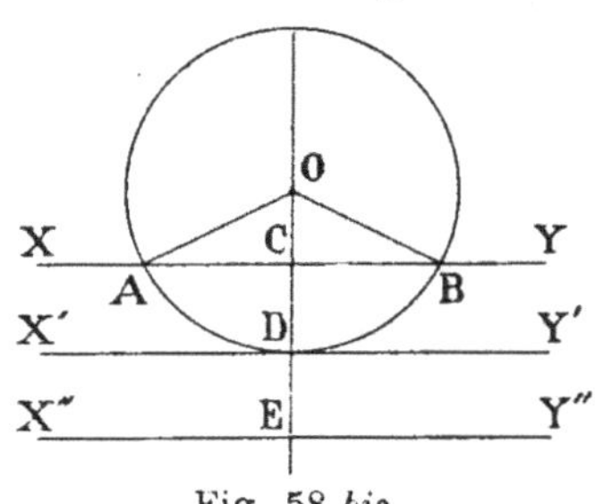

Fig. 58 *bis*.

points seulement. On dit alors que la droite est **sécante** au cercle, les deux portions de cercle déterminées par la droite se nomment **segments** de cercle. Le segment de droite compris entre les deux points de rencontre est seul intérieur à la circonférence (**53**).

Les trois positions possibles d'une droite par rapport à une circonférence sont réunies dans la figure 58 *bis* : la droite XY est sécante, la droite X′Y′ est tangente, et la droite X″Y″ est extérieure.

Aux trois hypothèses possibles correspondent trois conclusions distinctes; les réciproques sont donc vraies (**64**) et :

1° Si une droite est extérieure à un cercle, sa distance au centre est plus grande que le rayon.

2° Si une droite est tangente à un cercle, sa distance au centre est égale au rayon.

3° Si une droite est sécante à un cercle, sa distance au centre est plus petite que le rayon.

Nous pouvons donc énoncer le théorème suivant :

La condition nécessaire et suffisante pour qu'une droite soit extérieure, tangente, ou sécante à un cercle est que sa distance au centre soit, respectivement, supérieure, égale, ou inférieure au rayon.

100. — **Condition de tangence.** — A cause de son importance, la condition de contact mérite d'être répétée à part.

Nous avons vu que toute perpendiculaire à l'extrémité d'un rayon est tangente à la circonférence (**99, 2°**) et que, réciproquement, la distance d'une tangente au centre est égale au rayon. De cette réciproque résulte que le rayon qui aboutit au point de contact d'une tangente est perpendiculaire à cette droite (**92**, réciproque 1).

Nous pouvons donc énoncer le théorème suivant :

Pour qu'une droite soit tangente à une circonférence, il faut et il suffit qu'elle soit perpendiculaire à l'extrémité d'un rayon.

Par un point pris sur la circonférence, on peut donc mener à cette circonférence une et une seule tangente.

Normale. — On appelle ainsi la perpendiculaire à une tangente menée par le point de contact. Dans un cercle, toutes les normales menées dans son plan passent par le centre.

101. — **Problème.** — *Construire un triangle, connaissant deux côtés* a, b, *et l'angle* A *opposé à* a (fig. 59.)

Construisons un angle égal à l'angle A, et sur l'un des côtés portons $\overline{AC} = b$. Nous considérons $\widehat{xAC}$, ou $\widehat{yAC}$, suivant que $\widehat{A}$ est aigu ou obtus.

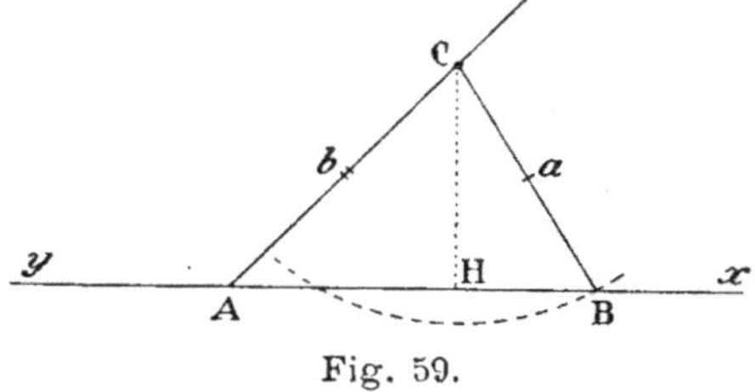

Fig. 59.

Le troisième sommet B se trouve alors : 1° sur la circonférence de centre C et de rayon a, 2° sur la demi-droite Ay ou sur la demi-droite Ax, suivant que l'angle A est aigu ou obtus.

En appelant CH la perpendiculaire abaissée de C sur xy, nous voyons immédiatement les résultats suivants :

1° A obtus. $\begin{cases} \text{Une solution, si } a > b. \\ \text{0 solution dans les autres cas.} \end{cases}$

2° A aigu. $\begin{cases} \text{Une solution, si } a > b. \\ \text{Deux solutions, si } b > a > \overline{CH}. \\ \text{Une solution (triangle rectangle), si } a = \overline{CH}. \\ \text{0 solution, si } a < \overline{CH}. \end{cases}$

Si A est droit, par raison de symétrie, il n'y a jamais qu'une solution. Encore faut-il que l'on ait $a > CH$.

102. — Raccordement des courbes [1]. — La notion de tangente s'étend à toutes les courbes. Considérons sur une courbe C quelconque un point fixe A et un point mobile M. Lorsque le point M se rapproche indéfiniment du point A, la

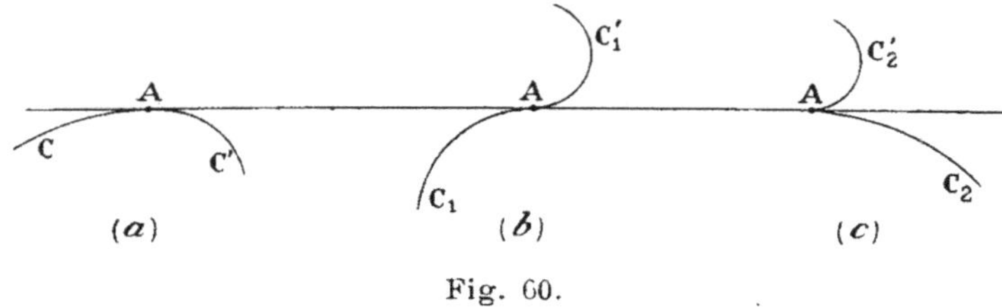

Fig. 60.

droite AM tend généralement vers une position particulière, bien déterminée, appelée **tangente** en A à la courbe C.

On dit que deux courbes C et C′ **se raccordent** en un point A quand, en ce point, elles admettent la même tangente (fig. 60, a).

Si les deux courbes C_1 et C'_1 se trouvent de part et d'autre de la tangente commune, on dit que le système de ces deux courbes présente en A un **point d'inflexion** (fig. 60, b).

Si, de plus, les deux courbes C_2 et C'_2 se trouvent du même côté du plan perpendiculaire en A à la tangente (fig. 60, c), on dit que le système de ces deux courbes présente en A un **point de rebroussement**.

APPLICATION. — A quelle condition deux circonférences se raccordent-elles dans un plan ?

1. Les paragraphes imprimés en petits caractères ne sont pas indispensables pour l'intelligence des pages suivantes.

CORDES ET LEURS DISTANCES AU CENTRE

(Arts et Métiers).

Théorème. — *Dans une même circonférence, ou dans des circonférences égales, des cordes égales sont à la même distance du centre. et, de deux cordes inégales, la plus grande est la plus rapprochée du centre.*

Soient deux cordes égales, AB et A′B′ (fig. 60 *bis*), et OC et OC′ les perpendiculaires abaissées du centre sur ces cordes. Les deux triangles rectangles OCA et OC′A′ ont les hypoténuses égales, et les côtés AC et A′C′ égaux comme moitiés de cordes égales. Donc ces triangles sont égaux, et par suite on a OC = OC′.

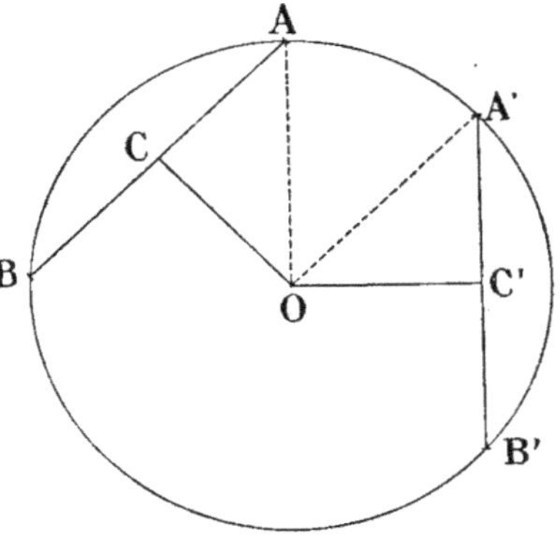

Fig. 60 *bis*.

Soient deux cordes inégales AB et A′B′ (fig. 60 *ter*), dont la plus grande est la corde AB. Construisons une corde AE égale à la corde A′B′. D'après un théorème qui sera démontré (**154**), l'arc AE est plus petit que l'arc AB, et par suite la corde AE est située, par rapport à AB, dans la région opposée à celle qui contient le centre. Si nous abaissons du centre les perpendiculaires sur ces cordes AB et AE, le pied D de la perpendiculaire à la corde AE, qui est le milieu de cette corde, est situé dans cette même région. Donc, on a OC < OD.

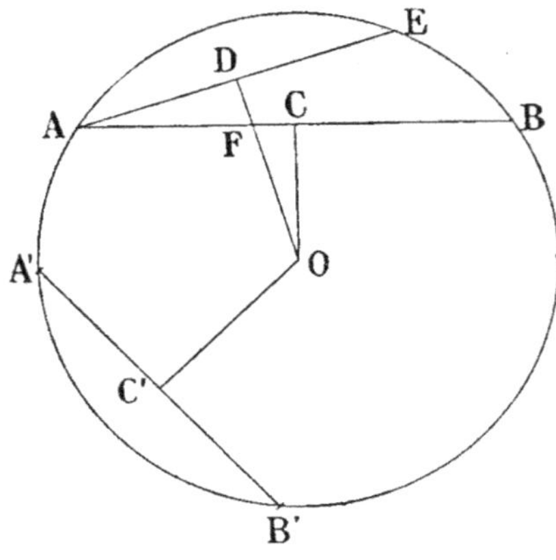

Fig. 60 *ter*.

RÉCIPROQUES. — *Si deux cordes sont équidistantes du centre, ces deux cordes sont égales; si deux cordes sont inégalement éloignées du centre, la plus rapprochée est la plus grande.*

Ces réciproques sont vraies, parce que chaque conclusion est la seule compatible avec le théorème direct.

Ainsi *dans une même circonférence ou dans des circonférences égales, pour que deux cordes soient égales* **il faut et il suffit** *qu'elles soient équidistantes du centre.*

Application. — Quel est le lieu géométrique des milieux des cordes de longueur donnée dans une circonférence donnée.

EXERCICES

1. Si par le milieu d'une droite on mène une autre droite quelconque, celle-ci est équidistante des extrémités de la première.

2. Pour qu'un triangle soit isocèle, il faut et il suffit que deux hauteurs soient égales.

3. Pour qu'un triangle soit équilatéral, il faut et il suffit que trois hauteurs soient égales.

4. On a dans un cercle une corde CD égale au diamètre AB; des extrémités de la corde, on abaisse les perpendiculaires CE, DF sur le diamètre. On demande de prouver que les segments AE, BF sont égaux.

5. Construire un triangle connaissant la hauteur et la médiane relative à un côté. Examiner le cas particulier où la hauteur est égale à la médiane.

6. Construire un triangle isocèle, connaissant sa hauteur et l'un des angles égaux.

7. Construire un triangle isocèle, connaissant sa hauteur et son périmètre.

8. Construire un triangle rectangle, connaissant sa hauteur et un côté de l'angle droit.

9. Construire un triangle rectangle, connaissant sa hauteur et un angle aigu.

10. Construire un triangle rectangle, connaissant un côté de l'angle droit et sa projection sur l'hypoténuse.

11. Tracer dans un cercle une corde dont le milieu soit un point donné.

12. Tracer une circonférence ayant son centre sur une droite donnée (géométrie plane) :

1° passant par un point donné ;

2° passant par un point donné et de rayon donné ;

3° tangente à une droite donnée ;

4° tangente à une droite donnée en un point donné.

CHAPITRE VII

PARALLÈLES [1]

103. — Nous **admettons** les deux propositions suivantes :

I. — Lorsque deux droites AB, CD se coupent, deux points *quelconques* C et C′ de CD, situés d'un même côté de AB, sont inégalement distants de AB : $\overline{CH} \neq \overline{C'H'}$ (fig. 61).

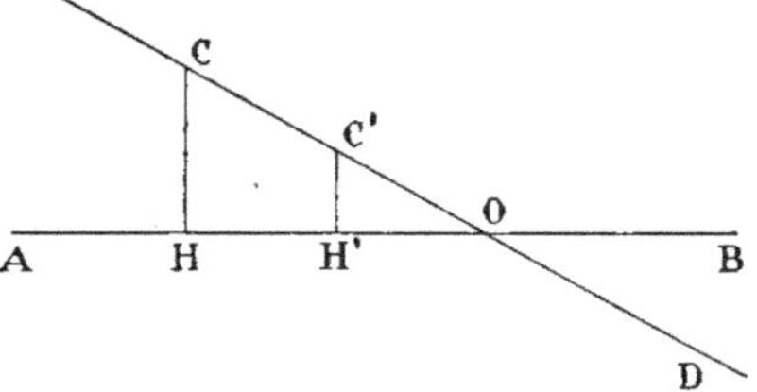

Fig. 61.

II. — Si deux points C et C′, situés dans un demi-plan passant par AB, sont inégalement distants de cette droite, la droite indéfinie CC′ rencontre toujours la première (plus ou moins loin).

104. — **Droites parallèles.** — Deux droites indéfinies, *situées dans le même plan*, sont dites **parallèles** lorsqu'elles ne se rencontrent pas.

Commençons par prouver qu'il existe de telles droites. Cela résulte des théorèmes suivants.

105. — **Théorème.** — *Dans un plan, deux droites perpendiculaires à une troisième sont parallèles.*

Car, si elles se rencontraient, on pourrait mener par leur point de rencontre deux perpendiculaires à une droite.

1. Nous ne changeons rien à la définition ordinaire des parallèles : deux droites dans le même plan sont parallèles quand elles ne se rencontrent pas. — Mais nous établissons cette théorie sur un autre postulat que celui qui s'énonce ainsi : par un point on ne peut mener qu'une parallèle à une droite.

Nous avions à choisir entre le postulat d'Euclide et plusieurs autres. Quel est celui qui possède la supériorité théorique? Nous n'avions

106. — **Théorème.** — *Si deux points* C *et* C′, *situés dans un demi-plan passant par* AB, *sont équidistants de cette droite, la droite indéfinie* CC′ *est parallèle à* AB (fig. 61 *bis*).

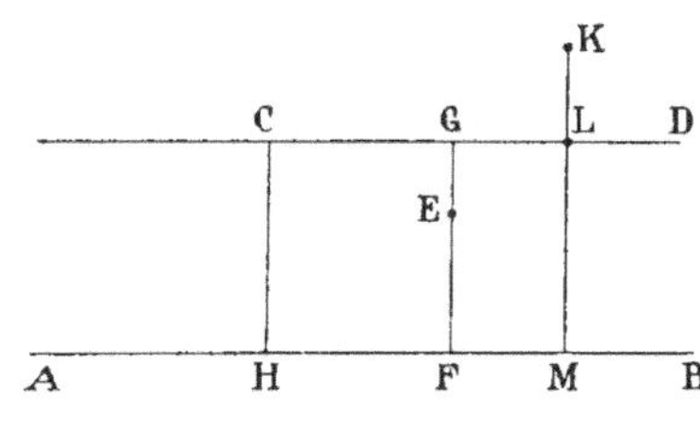
Fig. 61 *bis*.

Car, si elle rencontrait AB, les points C et C′ seraient inégalement distants de AB (**103**, I), ce qui est contraire à l'hypothèse.

107. — Réciproque. — *Si deux droites* AB *et* CD *sont parallèles, tous les points de l'une sont équidistants de l'autre* (fig. 61 *bis*).

Car, si deux points C et C′ de CD étaient inégalement distants de AB, la droite CD rencontrerait AB (**103**, II), ce qui est contraire à l'hypothèse.

108. — Conséquences. — I. Si l'on joint deux points C et C′ situés dans un demi-plan passant par AB (fig. 61 *bis*) et équidistants de AB, $(\overline{CH} = \overline{C'H'})$, tous les points de la droite indéfinie CC′ sont à cette même distance de AB.

Fig. 62.

II. — Si un point occupe une position E située entre les droites parallèles AB et CD (fig. 62), sa distance EF à AB est inférieure à CH. Car, soit G le point de rencontre de CD avec la perpendiculaire EF abaissée de E sur AB. On a : GF = CH, et EF < GF. Donc EF < CH.

III. — Si un point occupe une position K au delà de CD, (fig. 62), sa distance KM à la droite AB est supérieure à CH. Car soit L le point de rencontre de CD avec KM. On a LM = CH et KM > LM. Donc KM > CH.

pas à conformer notre préférence à la réponse à cette question. Nous avons retenu le postulat qui nous a semblé le plus près de l'expérience, celui que tout le monde applique instinctivement pour vérifier d'un simple coup d'œil le parallélisme de deux droites, ou pour tracer une parallèle à une droite sans autre instrument qu'une règle.

IV. — On résume ces trois propositions en disant que *le lieu des points d'un plan situés à une distance donnée d'une droite du plan, d'un même côté de cette droite, est une droite parallèle à la première.*

Cela signifie que tous les points de la droite CD sont à la distance donnée CH de AB, et que tous les points qui se trouvent à la distance CH de AB, dans le plan et du même côté de AB que le point C, sont situés sur la droite CD.

Il existe évidemment une autre partie du lieu de l'autre côté de AB.

109. — **Théorème**. — *Par un point* C *extérieur à une droite* AB *on peut mener à cette droite une et une seule parallèle.* (fig. 63).

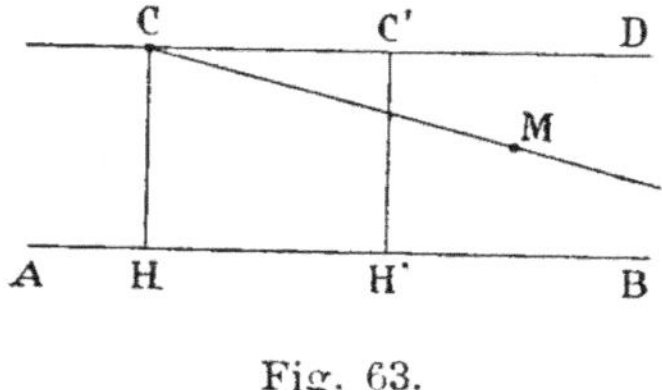
Fig. 63.

En effet, le point C et la droite AB déterminent un plan. Dans ce plan, menons la perpendiculaire CH à la droite AB, et portons sur une autre perpendiculaire à AB, à partir de son pied H′, le segment H′C′ égal à HC, du même côté de AB que le point C. Traçons la droite CC′ : elle est parallèle à AB (**106**).

Toute autre droite menée par C dans le plan rencontre AB. Car, joignons C à un point quelconque M pris dans le plan hors de la droite CC′; la droite CM rencontre AB, puisque les points C et M ne sont pas équidistants de AB (**108**).

CorollaIRE. — *Dans un plan, deux droites parallèles à une droite sont parallèles entre elles.*

Car si elles se rencontraient, on pourrait mener deux parallèles à une droite par leur point de rencontre.

110. — **Théorème**. — *Si deux droites sont parallèles, toute perpendiculaire à l'une, tracée dans le plan des parallèles, est perpendiculaire à l'autre.*

Soient D et D′ parallèles, et D″ perpendiculaire à D (fig. 64).

D″ coupe D′ en I. De I menons D₁ perpendiculaire à D″. Je sais que D₁ est parallèle à D (**105**). Donc D_1 et D' se confondent (**109**).

111. — **Théorème**. — *Deux sécantes parallèles interceptent sur une circonférence des arcs égaux.*

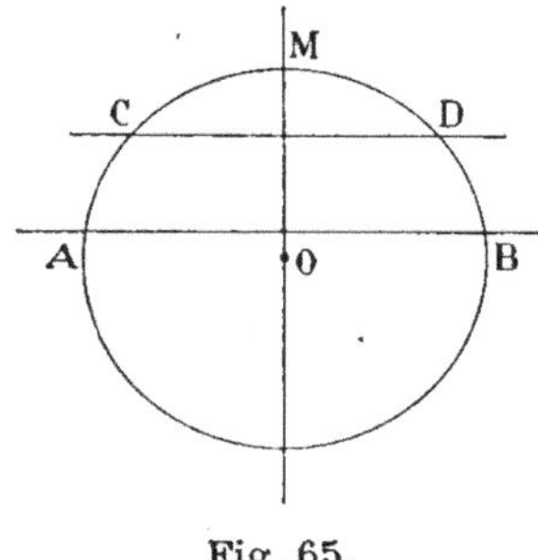

Fig. 65.

Soient deux cordes parallèles AB et CD (fig. 65) et le diamètre MO perpendiculaire à ces cordes. On a :

$$\overset{\frown}{AM} = \overset{\frown}{MB}$$
$$\overset{\frown}{CM} = \overset{\frown}{MD}$$

D'où par différence :

$$\overset{\frown}{AC} = \overset{\frown}{BD}.$$

Cette proposition subsiste quand l'une des cordes ou les deux cordes deviennent tangentes au cercle.

112. — **Définitions**. — Une sécante GH qui rencontre deux droites AB, CD forme avec ces deux droites 8 angles, 4 en G, 4 en H (fig. 66).

Les angles 1, 4, 6, 7, compris entre les deux droites et dont un des côtés est la portion GH de la sécante, sont dits **internes**. Les autres angles 2, 3, 5, 8 sont dits **externes**.

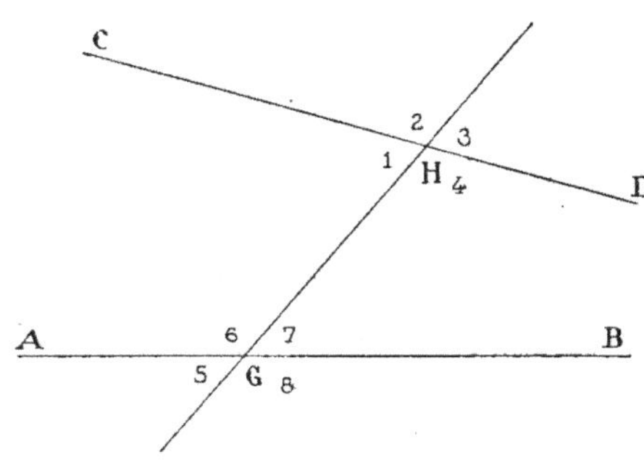

Fig. 66.

Deux angles internes, de sommets différents, situés de part et d'autre de la sécante, sont dits **alternes-internes** (1 et 7; 4 et 6).

Deux angles internes de sommets différents, situés du même côté de la sécante, sont dits **intérieurs d'un même côté** (1 et 6; 4 et 7).

Deux angles externes et de sommets différents, situés de part et d'autre de la sécante, sont dits **alternes-externes** (2 et 8; 3 et 5).

Deux angles externes, de sommets différents, situés d'un

même côté de la sécante, sont dits **extérieurs d'un même côté** (2 et 5 ; 3 et 8).

Deux angles de sommets différents, l'un interne, l'autre externe, situés d'un même côté de la sécante, sont dits **correspondants** (1 et 5 ; 2 et 6 ; 3 et 7 ; 4 et 8).

113. — **Théorème.** — *Si deux parallèles* D *et* D′ *sont coupées par une sécante* AB, *les angles aigus formés sont égaux. Il en est de même des angles obtus* (fig. 67).

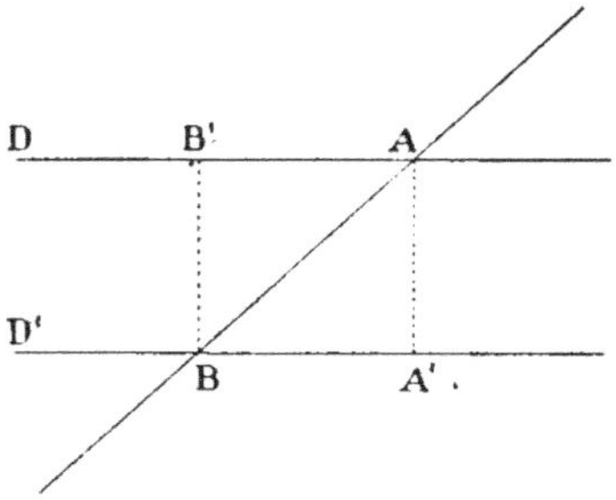

Menons les perpendiculaires AA′ et BB′ à l'une des droites. Comme elles sont aussi perpendiculaires à l'autre, les triangles ABA′ et ABB′ sont rectangles.

Ces triangles rectangles sont égaux, car ils ont l'hypoténuse AB commune, et $AA' = BB'$ (**96**).

Fig. 67.

D'où résulte $\widehat{ABA'} = \widehat{BAB'}$.

De là, déduire les relations entre les autres angles, en se servant des numéros **32** et **34**.

114. — La réciproque est vraie. Si $\widehat{ABA'} = \widehat{BAB'}$, les droites D et D′ sont parallèles.

En effet, menons par A la parallèle D_1 à la droite D′. D'après le théorème direct, on a : $\widehat{ABA'} = \widehat{BAD_1}$. Donc les droites D et D_1 se confondent, et par suite D est parallèle à D′.

Nous dirons donc :

Pour que deux droites D *et* D′, *coupées par une sécante* Δ, *soient parallèles, il faut et il suffit que :*

1° *les angles alternes internes soient égaux,*

2° *ou les angles alternes externes soient égaux,*

3° *ou les angles correspondants soient égaux,*

4° *ou les angles intérieurs d'un même côté soient supplémentaires,*

5° ou les angles extérieurs d'un même côté soient supplémentaires.

115. — APPLICATIONS. — I. *Trouver un point d'où l'on voie un segment donné sous un angle donné.*

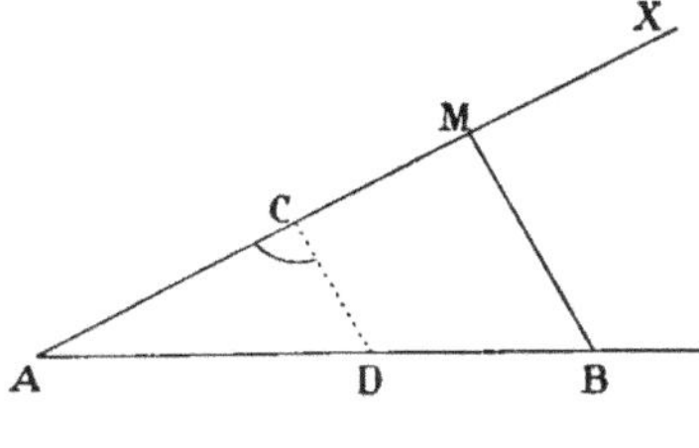

Fig. 68.

Soit le segment AB.

Menons une demi-droite quelconque AX (fig. 68) et, du côté de B, construisons $\widehat{ACD}$ égal à l'angle donné. Menons BM parallèle à CD, on a $\widehat{AMB} = \widehat{ACD} =$ angle donné.

Le problème admet une infinité de solutions, puisque la direction AX est quelconque.

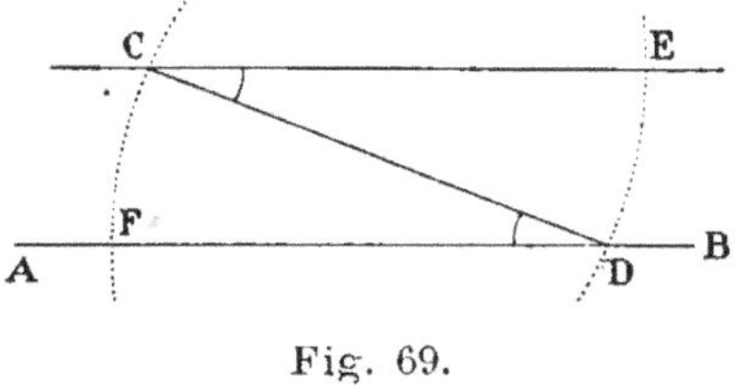

Fig. 69.

II. *Mener par un point C la parallèle à une droite AB (fig. 69).*

Tracer une droite quelconque CD et en C, au-dessus de CD, faire $\widehat{ECD} = \widehat{CDF}$ **(66)**, CE est parallèle à AB.

On peut se dispenser de tracer CD; on décrit l'arc DE de rayon quelconque de centre C, et on choisit pour centre de l'arc CF de même rayon le point D où le premier coupe AB.

116. — Comparaison de deux angles dont les côtés sont parallèles. — Considérons deux droites parallèles D et D' (fig. 70), coupées par deux sécantes parallèles Δ et Δ'. Du théorème précédent on déduit l'égalité des angles aigus et des angles obtus en A, B, A', B'. Ainsi, *deux angles qui ont leurs côtés parallèles sont égaux ou supplémentaires.*

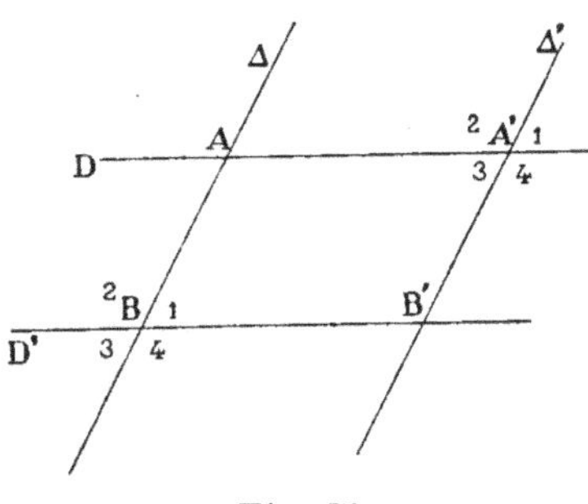

Fig. 70.

Ils sont égaux si leurs côtés sont deux à deux de même

sens (les angles A'_1 et B_1), ou deux à deux de sens contraires (A'_3 et B_1).

Ils sont supplémentaires si deux côtés sont de même sens et les deux autres de sens contraires (A'_2 et B_1).

117. — **Parallélogramme.** — Le quadrilatère ABB'A' (fig. 70) dont les côtés opposés sont parallèles se nomme **parallélogramme**. De la proposition précédente résulte :

Dans un parallélogramme, les angles opposés sont égaux et les angles consécutifs sont supplémentaires. Par suite :

La somme des angles d'un parallélogramme est égale à 4 droits.

Cela va nous permettre de trouver la somme des angles d'un triangle.

118. — **Somme des angles d'un triangle.** — Soit le triangle ABC (fig. 71).

Menons AD parallèle à BC et CD parallèle à BA. Nous formons le parallélogramme ABCD. La diagonale AC divise ce parallélogramme en deux triangles égaux, car ils

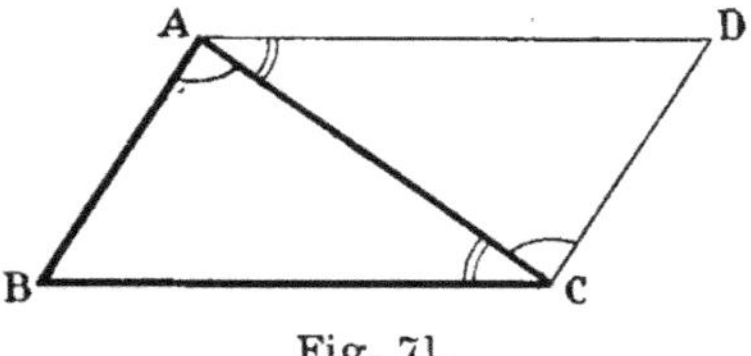
Fig. 71.

ont AC commun, et $\widehat{BAC} = \widehat{ACD}$, $\widehat{BCA} = \widehat{DAC}$ (**113**).

La somme des angles d'un triangle est donc égale à la demi-somme des angles d'un parallélogramme, c'est-à-dire à deux droits.

119. — Corollaire. — On appelle **angle extérieur** d'un triangle l'angle formé par le prolongement d'un côté avec le côté suivant. Tel est l'angle XAB (fig. 71 *bis*).

D'après le théorème précédent, un angle extérieur d'un triangle est égal à la somme des deux angles intérieurs non adjacents.

120. — **Somme des angles d'un polygone convexe.** — Un polygone convexe de n côtés est divisé par les

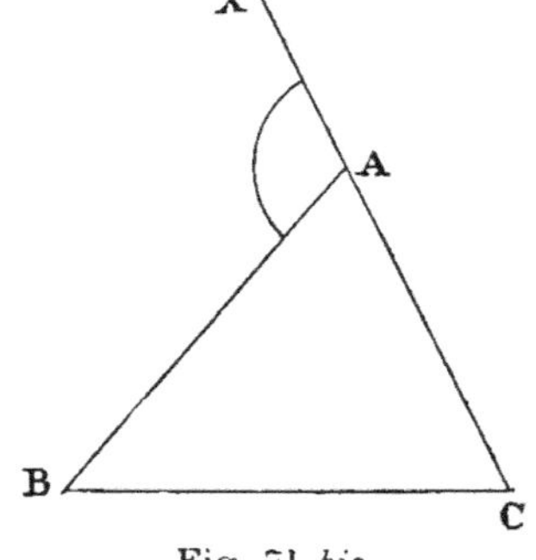
Fig. 71 *bis*.

diagonales issues d'un même sommet en autant de triangles

4.

qu'il y a de côtés moins deux, c'est-à-dire $n - 2$ triangles. La somme des angles de ces triangles est égale à $2(n - 2)$ droits.

C'est aussi la somme des angles du polygone. Cette somme est donc indépendante de la forme du polygone convexe; elle ne dépend que du nombre des côtés.

En particulier, la somme des angles d'un quadrilatère convexe est égale à 4 droits.

EXERCICE. — Faire la démonstration en décomposant le polygone en triangles, ayant pour sommet commun un point situé : 1° à l'intérieur du polygone, 2° sur un côté du polygone.

Voir, dans toutes ces démonstrations, où intervient la convexité du polygone.

121. — Autres propriétés du parallélogramme. — I. Soient le parallélogramme ABCD (fig. 72) et la diagonale AC. De l'égalité des triangles ABC et CDA résulte

$$AB = DC, \qquad BC = AD.$$

Ainsi, *les côtés opposés d'un parallélogramme sont égaux.*

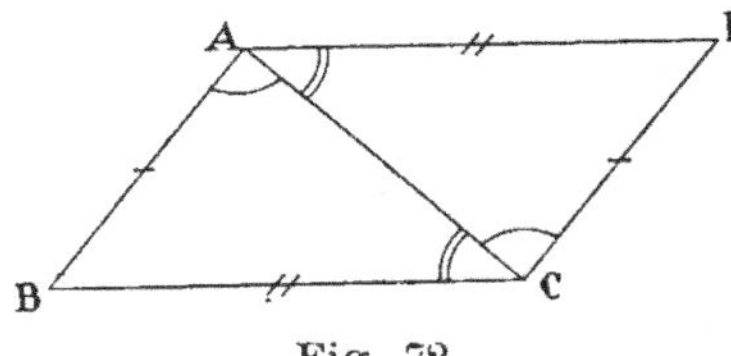
Fig. 72.

La réciproque est **vraie :** Si, dans le quadrilatère convexe ABCD (fig. 72), on a **AB = CD**, et **BC = AD**, les triangles ABC et CDA sont égaux (3ᵉ cas d'égalité), d'où l'égalité des angles en A et en C, et le parallélisme des côtés opposés (**114**).

II. De la définition du parallélogramme et du théorème précédent résulte que *deux côtés opposés sont parallèles et égaux.*

La réciproque est vraie : Si dans le quadrilatère convexe ABCD (fig. 72), deux côtés opposés **AB** et **CD** sont parallèles et égaux, les triangles ABC et CDA sont égaux (2ᵉ cas d'égalité), d'où $\widehat{ACB} = \widehat{CAD}$, et par suite AD et BC sont parallèles (**114**).

III. Dans un parallélogramme les angles opposés sont égaux (**116**). Réciproquement, *si les angles opposés d'un* *quadrilatère convexe sont égaux, le quadrilatère est un parallélogramme* (fig. 73).

Hypothèse.

ABCD quadrilatère
convexe.
$$\hat{A} = \hat{C}$$
$$\hat{B} = \hat{D}.$$

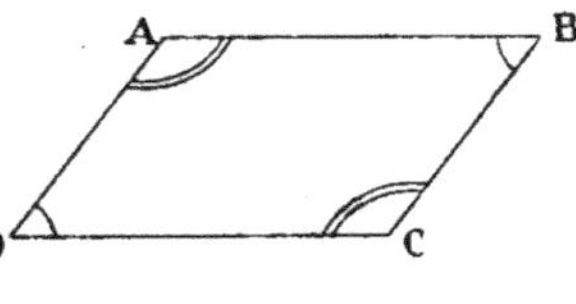

Fig. 73.

Conclusion.

Parallélogramme.

On a d'abord : $\hat{A} + \hat{B} + \hat{C} + \hat{D} = 4$ droits (**117**).

En tenant compte des hypothèses, on remplace cette égaité par les égalités :

$$2A + 2B = 4 \text{ droits}, \quad \text{d'où} \quad A + B = 2 \text{ droits}.$$
ou bien : $\quad 2A + 2D = 4 \quad — , \quad \text{d'où} \quad A + D = 2 \quad —$

L'égalité $A + B = 2$ droits entraîne le parallélisme des droites AD et BC (**116**), et l'égalité $A + D = 2$ droits celui des droites AB et DC.

122. — Variétés des parallélogrammes. — Si un parallélogramme a un angle droit, tous ses angles sont droits (**116**). On l'appelle **rectangle**.

Si deux côtés consécutifs sont égaux, les quatre côtés sont égaux (**121**). On l'appelle **losange**. Lorsqu'un quadrilatère est formé de quatre barres égales articulées, on peut le déformer sans qu'il cesse d'être un parallélogramme (**121**, I, réciproque) et par suite un losange.

Quand cette déformation amène un de ses angles à valoir un droit, le parallélogramme est à la fois rectangle (**116**) et losange. On l'appelle **carré**.

123. — APPLICATIONS. **—** I. Un triangle ABC en papier étant donné, on découpe ses angles A, B, C, et on les place de façon à en faire la somme. Que constate-t-on?

II. — Opérer de même pour un quadrilatère convexe.

III. — Deux triangles ont un côté égal; on les assemble par ces côtés égaux. Quelles conditions doivent remplir ces triangles pour donner : — 1° un parallélogramme, — 2° un rectangle — 3° un losange, — 4° un carré?

124. — Problème. — Étudier les propriétés des bissectrices des angles des divers parallélogrammes.

DU MOUVEMENT DE TRANSLATION DANS UN PLAN

125. — Supposons deux plans superposés, p et P, et une droite d de p recouvrant une droite D de P.

Faisons glisser p sur P, de manière que d glisse sur D.

1° Tout point de p décrit une droite parallèle à D (**108**, IV).

2° Toute droite de p, parallèle à d, glisse sur elle-même (**107**).

3° Toute droite de p coupant d se déplace parallèlement à elle-même (**114**).

4° Si un point de la droite d décrit sur D le segment $\overline{AA'}$, tous les points de p décrivent des segments égaux et parallèles à $\overline{AA'}$, de même sens que $\overline{AA'}$ (**121**).

Le mouvement ainsi caractérisé se nomme **un mouvement de translation rectiligne.**

126. — Applications. — I. On déplace dans un plan une équerre MNP de façon que MN décrive la droite AB et, dans diverses positions, on trace $\overline{NP}$, $\overline{MP}$ (fig. 74).

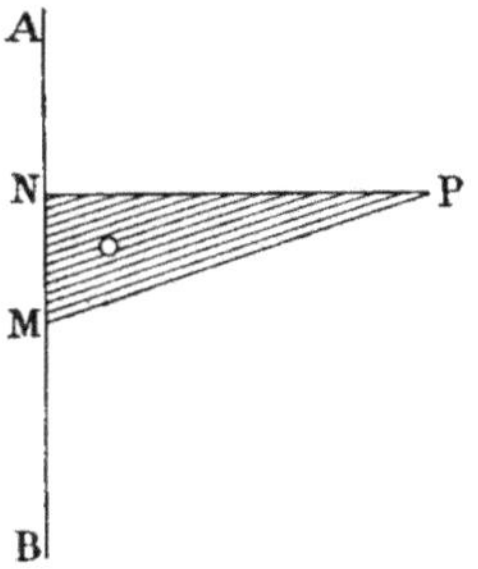

Que savez-vous sur ces droites et sur l'angle $\widehat{P}$?

II. — En déduire une vérification expérimentale des propositions (**113**) et (**116**).

III. — *Emploi de la sauterelle.*

IV. — Reconnaître si deux droites d'un plan sont parallèles.

Fig. 74.

V. — Reconnaître si deux droites d'un plan sont perpendiculaires, ou plus généralement forment un angle donné.

127. — Problèmes. — I. Par les sommets d'un polygone on mène dans son plan des droites parallèles de même sens et égales. On joint leurs extrémités; montrer que le nouveau polygone est égal au polygone primitif.

II. — On fait glisser dans son plan un polygone de façon que l'un de ses sommets, A, décrive une droite fixe et que le côté AB se déplace parallèlement à lui-même. Montrer que tous les sommets décrivent des segments égaux, parallèles, de même sens.

III. — Une droite AB, de longueur donnée, glisse de façon que ses extrémités se trouvent sur deux droites parallèles données D et D'. Montrer qu'elle se déplace parallèlement à elle-même.

IV. — Un polygone se déplace dans un plan de telle sorte que deux sommets décrivent deux droites parallèles. Montrer que tous ses sommets décrivent des segments égaux parallèles et de même sens.

EXERCICES

1. Montrer géométriquement que, lorsqu'on trace un trait fort au tire-ligne, il faut avoir soin de déplacer le tire-ligne parallèlement à lui-même.

2. Par les points d'intersection M et N de deux cercles d'un plan, on mène deux cordes parallèles AB et CD. Prouver : 1° que ces cordes sont égales; 2° que les cordes AC et BD sont parallèles et égales à la corde commune MN.

3. On mène deux cordes parallèles AB, CD. La figure ABCD est un trapèze isocèle. A quelle condition est-elle un rectangle? Démontrer qu'alors les diagonales passent par le centre.

4. Quel est l'angle des bissectrices de deux angles intérieurs ou extérieurs formés par deux parallèles et une sécante?

La réciproque est-elle vraie?

5. 1° Trouver la somme des angles intérieurs et extérieurs des polygones convexes de 4, 5, 6, 7, 8, 10, 12 côtés. 2° Si les angles des polygones précédents sont égaux, calculer la valeur de leurs angles; 3° Quel est le nombre des côtés du polygone convexe dont la somme des angles vaut 6 droits et, d'une façon générale, $2n$ droits.

6. Dans un quadrilatère convexe 1° les bissectrices de deux angles consécutifs font entre elles un angle égal à la demi-somme des deux autres angles; et par suite le quadrilatère formé par les quatre bissectrices a ses angles opposés supplémentaires: 2° les bissectrices de deux angles opposés font entre elles un angle supplémentaire de la demi-différence des deux autres angles.

7. Dans tout triangle ABC :

1° La bissectrice de $\hat{A}$ fait avec la hauteur issue de A un angle égal à la demi-différence des angles $\hat{B}$ et $\hat{C}$,

2° Les bissectrices de $\hat{B}$ et $\hat{C}$ font entre elles un angle égal à 1 droit $+\dfrac{\hat{A}}{2}$.

3° Les bissectrices des angles extérieurs en $\hat{B}$ et $\hat{C}$ font entre elles un angle égal à 1 droit $-\dfrac{\hat{A}}{2}$.

4° La bissectrice de l'angle extérieur en A fait avec BC un angle égal à $\hat{B} - \hat{C}$.

8. Soient AB un diamètre d'une circonférence O; C un point pris sur le prolongement de ce diamètre; CDE une sécante issue du point C qui coupe le cercle en D et E, si la partie extérieure CD est égale au rayon, l'angle $\widehat{EOA}$ est triple de l'angle $\widehat{DCA}$.

9. Construire un triangle isocèle connaissant la base et l'angle opposé.

10. Construire un parallélogramme, connaissant deux côtés consécutifs et l'angle qu'ils comprennent.

11. Construire un parallélogramme, connaissant les diagonales et leur angle.

12. Construire un losange, connaissant : 1° son côté et un angle, 2° les deux diagonales, 3° un angle et la diagonale correspondante.

13. Construire un carré, connaissant : 1° son côté; 2° sa diagonale.

14. Par un point quelconque de la base d'un triangle isocèle, on mène les parallèles aux côtés égaux. Prouver que le parallélogramme ainsi formé a un périmètre constant.

CHAPITRE VIII

APPLICATIONS FONDAMENTALES DES LIEUX GÉOMÉTRIQUES

LES CONDITIONS NÉCESSAIRES ET SUFFISANTES EN GÉOMÉTRIE

128. — Une définition établit des conditions nécessaires et suffisantes. Ainsi, par définition, pour qu'un triangle soit isocèle, il *faut* et il *suffit* que deux de ses côtés soient égaux.

En étudiant les propriétés du triangle isocèle, nous avons vu que : 1° dans un triangle isocèle les angles opposés aux côtés égaux sont égaux (**82**) et que : 2° *réciproquement*, si deux angles d'un triangle sont égaux, le triangle est isocèle (**79**). Du théorème direct et de sa réciproque résulte que :

Pour qu'un triangle soit isocèle il *faut* (**82**) et il *suffit* (**79**) que deux de ses angles soient égaux. Et nous arrivons ainsi à cette *propriété* : Un triangle isocèle est un triangle qui a deux angles égaux. Donc, une propriété d'une figure résulte d'un théorème et de sa réciproque. Nous avons donné d'autres propriétés du triangle isocèle (**80** et suivants). Suivant le cas, il sera utile de prendre l'une ou l'autre de ces propriétés.

Nous allons voir dans le chapitre suivant toute l'importance des conditions nécessaires et suffisantes.

LIEUX GÉOMÉTRIQUES

129. — Supposons qu'une infinité de points jouissen d'une ou de plusieurs propriétés communes. La figure formée par tous ces points se nomme un **lieu géométrique**.

Un lieu géométrique jouit des propriétés suivantes :

1° *Tout point du lieu jouit des propriétés indiquées;*

2° *Tout point pris hors du lieu ne jouit pas des propriétés indiquées;*

3° *Tout point possédant les propriétés indiquées appartient à la figure;*

4° *Tout point ne possédant pas les propriétés indiquées n'appartient pas à la figure.*

Les conditions 1 et 2 entraînent nécessairement les deux autres; de même les conditions 3 et 4, ou 1 et 3, ou 2 et 4, entraînent les deux autres.

Pour démontrer qu'une figure est un lieu géométrique, il suffit donc de démontrer deux conditions, soit 1 et 2, soit 3 et 4, soit 1 et 3, soit 2 et 4.

130. — **Premier lieu géométrique.** — *Trouver le lieu géométrique des points d'un plan équidistants de deux points A et B d'une droite de ce plan:*

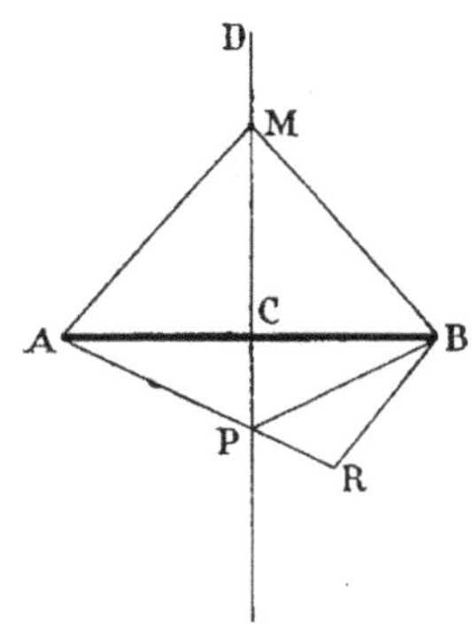
Fig. 75.

1re MÉTHODE. — Je dis que la perpendiculaire PD menée au milieu C de la droite AB (fig. 75) est le lieu cherché.

1° Tout point M de PD répond à la question, car, par rapport à la perpendiculaire PD, MA et MB sont deux obliques dont les pieds s'écartent également du pied de la perpendiculaire, d'où MA '= MB (**92**).

2° Soit R un point pris en dehors de PD.

Nous avons PA = PB (1re partie). Le triangle RPB donne :
$$RB < PB + PR, \quad \text{ou} \quad RB < RA \qquad (75)$$
et tout point pris en dehors de PD ne jouit pas de la propriété énoncée. La droite PD est bien le lieu cherché (conditions 1 et 2 démontrées).

2e MÉTHODE. — Pour qu'un point M réponde à la question, il *faut* et il *suffit* que le triangle AMB soit isocèle (**68**). Pour cela il *faut* et il *suffit* que la hauteur MC tombe au milieu C de AB (**96** et **83**). Le point C étant fixe, la perpendiculaire MC est unique (**27**). C'est le lieu cherché (conditions 1 et 3 démontrées).

Cette deuxième méthode, beaucoup plus élégante que la première, a l'avantage de ne pas supposer le lieu connu *a priori*. Elle montre tout le parti qu'on peut tirer des conditions nécessaires et suffisantes.

REMARQUE. — Pour qu'une droite soit perpendiculaire à un segment AB en son milieu C, il faut et il suffit que deux de ses points soient équidistants des points A et B.

131. — **Théorème**. — *Les droites menées par les milieux des côtés d'un triangle, perpendiculairement à ces côtés, concourent en un même point* (fig. 76).

Hypothèse.

ABC triangle.
DA = DB, FB = FC
HC = HA
DE ⊥ AB, FG ⊥ BC
HO ⊥ CA.

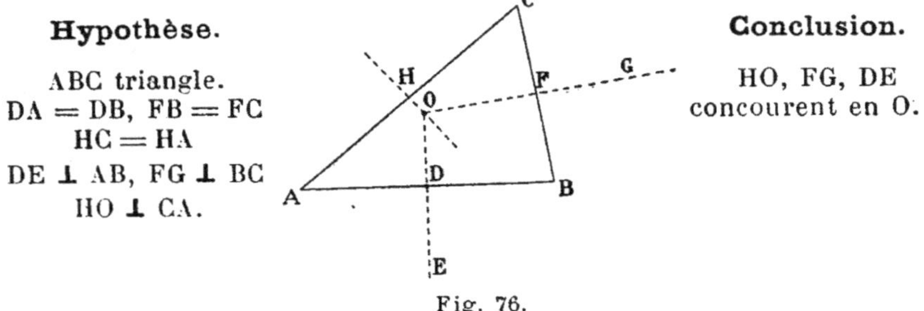

Conclusion.

HO, FG, DE
concourent en O.

Fig. 76.

HO et FG se coupent en un point O, sans quoi elles seraient parallèles et les points A, C, B seraient en ligne droite.

D'après le n° **130**, ce point O est le seul point du plan équidistant des sommets A, B, C. DE passe donc aussi par O.

Le théorème précédent peut s'énoncer :

Par trois points A, B, C, *non en ligne droite, on peut faire passer une circonférence et une seule.*

Cette circonférence est dite **circonscrite** au triangle qui est dit lui-même **inscrit** dans cette circonférence.

REMARQUE. — Deux circonférences distinctes ne sauraient donc avoir plus de deux points communs.

132. — **Construction**. — *Mener la perpendiculaire à une droite* AB *par un point* C : **1°** *situé sur cette droite;* **2°** *extérieur à cette droite.*

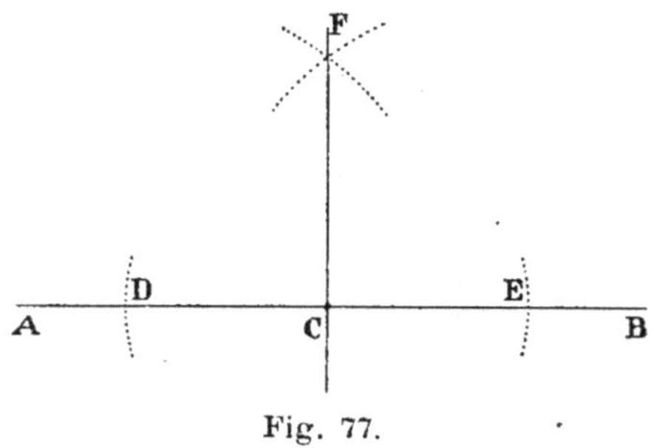

Fig. 77.

1° Portons CE = CD (fig. 77). Des points D et E comme centres, avec la *même* ouverture de compas plus grande que CD, décrivons des arcs de cercle qui se coupent en F. Traçons FC. C'est la perpendiculaire demandée (**130**).

Cette construction peut servir à mener la tangente à un cercle connaissant le point de contact.

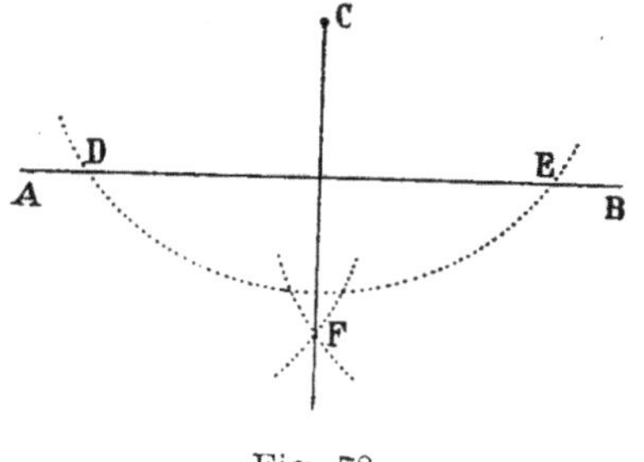

Fig. 78.

2° De C comme centre (fig. 78), traçons un arc de cercle qui coupe la droite AB en D et E.

De ces points comme centres, avec la même ouverture de compas plus grande que $\dfrac{DE}{2}$, décrivons des arcs de cercle qui se coupent en F. FC est la perpendiculaire demandée (**130**).

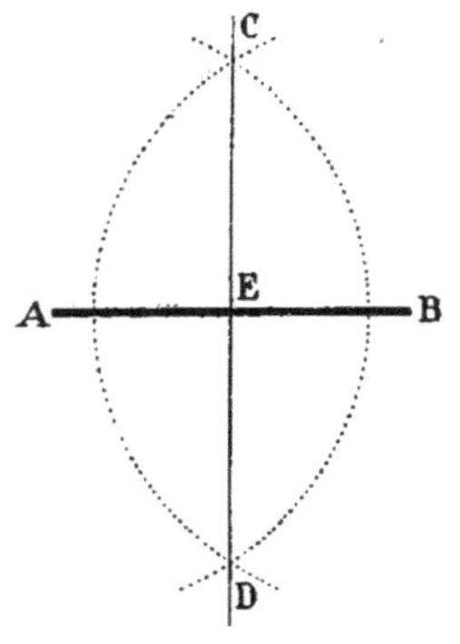

Fig. 79.

133. — **Construction**. — *Mener la perpendiculaire à un segment* AB *en son milieu.* Des points A et B comme centres, avec la même ouverture de compas plus grande que $\dfrac{AB}{2}$ (fig. 79), décrivons des arcs de cercle qui se coupent en C et D. CD est la perpendiculaire demandée (**130**).

On sait que AE = EB et cette construction nous permet de déterminer le milieu d'un segment de droite. En appliquant deux fois cette construction, on peut, d'après le théorème du n° **134**, déterminer le centre du cercle circonscrit à un triangle.

134. — **Construction**. — *Mener à un cercle O une tangente parallèle à une droite donnée* D (fig. 80).

Pour que la tangente en A soit parallèle à D, *il faut* et *il suffit* que le rayon OA soit perpendiculaire à D (**100**). D'où la construction :

Du centre O mener la perpendiculaire à D, qui coupe la circonférence en A et B. En A et B mener les parallèles à D. Ce sont les tangentes cherchées.

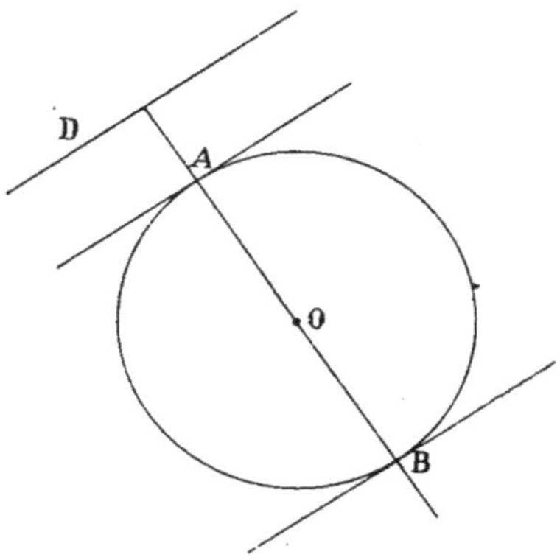

Fig. 80.

135. — APPLICATIONS. — I. Pour que les sommets d'un polygone se trouvent sur une circonférence, autrement dit, pour qu'un polygone soit *inscriptible*, il faut et il suffit que les perpendiculaires élevées aux milieux des côtés soient concourantes.

II. A quelle condition un parallélogramme est-il inscriptible?

136. — **Deuxième lieu géométrique**. — *Trouver dans le plan d'un angle le lieu géométrique des points équidistants des deux côtés de cet angle.*

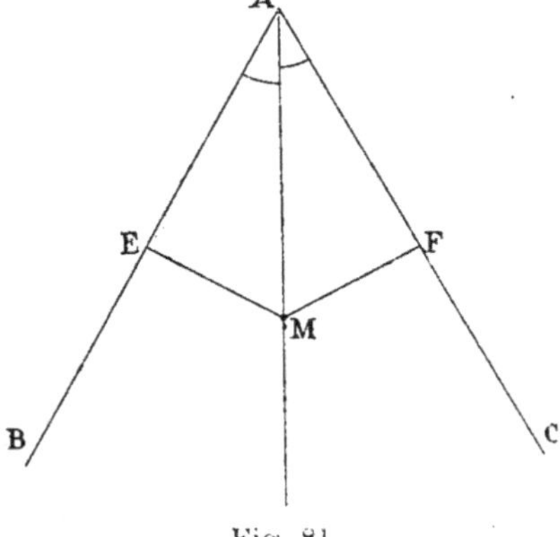

Fig. 81.

La distance du point M au côté AB (fig. 81) est la longueur de la perpendiculaire ME menée de M sur AB. De même la longueur de la perpendiculaire MF est la distance de M au côté AC.

Pour qu'un point M réponde à la question, il *faut* et il *suffit* que l'on ait ME = MF ; donc il *faut* et il *suffit* que les deux triangles rectangles AEM et AFM soient égaux (**96**), donc il *faut* et il *suffit* que leurs angles en A soient égaux (**95**), et la bissectrice AM de l'angle A est le lieu cherché.

Remarque. — Pour qu'une droite soit bissectrice d'un angle, il faut et il suffit que deux de ses points soient équidistants des deux côtés de cet angle et compris entre ses côtés.

137. — **Théorème.** — *Les bissectrices des angles d'un triangle concourent en un même point* (fig. 82).

Hypothèse.

ABC triangle.
AA′, BB′, CC′,
bissectrices.

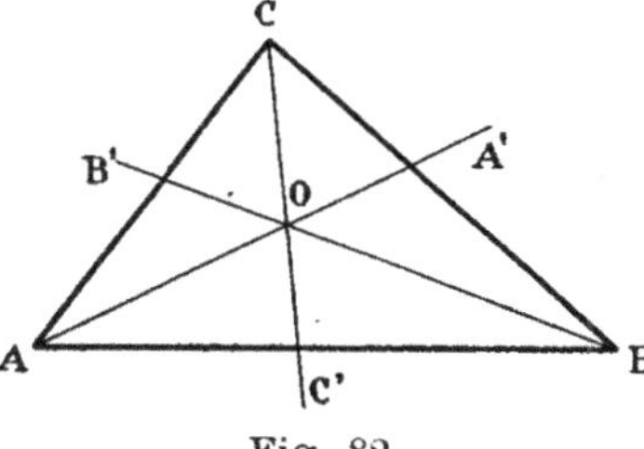

Conclusion.

AA′, BB′, CC′
concourent en O.

Fig. 82.

AA′ et BB′ se coupent évidemment à l'intérieur du triangle. D'après le n° **136**, ce point de rencontre O est le seul point du plan équidistant des trois côtés du triangle, CC′ passe donc aussi par O. (Comparer au n° **131**.)

138. — **Cercle inscrit à un triangle.** — Un cercle est inscrit à un triangle lorsqu'il est tangent aux trois côtés du triangle. Le centre d'un tel cercle est donc équidistant des trois côtés. Nous venons d'indiquer la construction de ce point O.

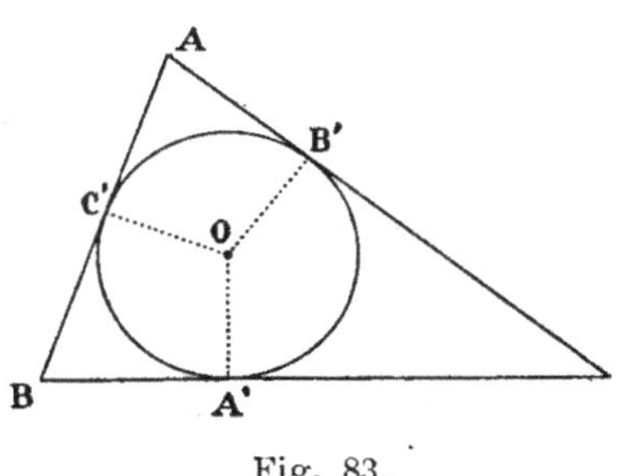

Fig. 83.

Pour obtenir les points de contact (fig. 83), il suffit d'abaisser de O les perpendiculaires sur les trois côtés ; les pieds A′, B′, C′ de ces perpendiculaires sont les points cherchés.

139. — Construction. — *Mener la bissectrice d'un angle* (fig. 84).

Du point O comme centre, tracer l'arc BDA. Des points A et B comme centres, avec la même ouverture de compas plus grande que $\frac{AB}{2}$, décrire des arcs de cercle qui se coupent en C : OC est la bissectrice demandée.

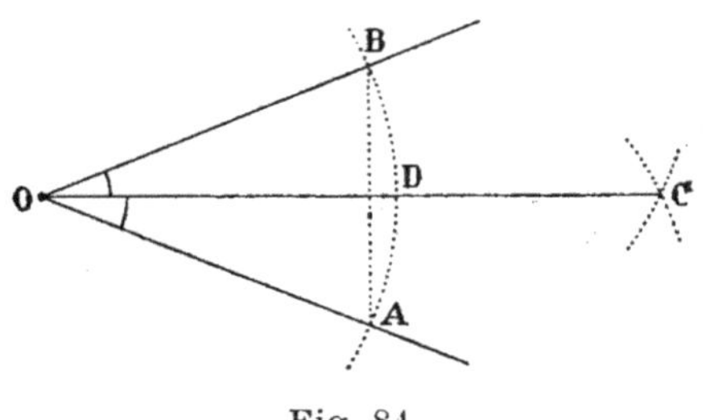

Fig. 84.

Car OAB est un triangle isocèle (**68**), OC perpendiculaire au milieu de AB (**130**) est bissectrice de l'angle O (**96**). En appliquant deux fois cette construction, on peut, d'après le théorème du nº **137**, déterminer le centre du cercle inscrit dans un triangle.

140. — En utilisant la propriété du nº **136**, montrer que l'on peut déterminer au trusquin la bissectrice d'un angle formé par deux droites qui se coupent ou ne se coupent pas dans des limites de la figure.

141. — Principe d'une sauterelle donnant les bissectrices (fig. 85).

Deux demi-droites OA, OB, mobiles autour du point O, sont réunies par une tige CD, telle que OC = CD, tournant autour du point fixe C, l'extrémité D se déplaçant sur OB.

Prouver que OB est parallèle à la bissectrice de $\widehat{DCA}$.

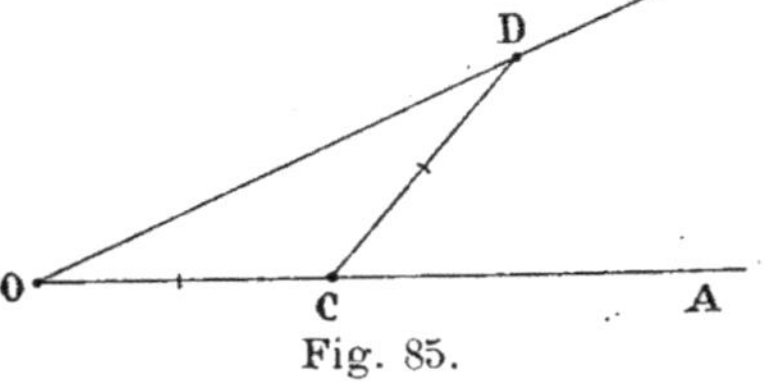

Fig. 85.

Déterminer avec cet appareil la bissectrice d'un angle donné.

142. — Principe d'une autre sauterelle donnant les bissectrices (fig. 86).

Trois demi-droites OA, OB, OC, mobiles autour du point O, sont réunies par deux tiges DF, EF, telles que OD = OE

$= FE = FD$. Ces deux tiges tournent autour des points fixes D'et E, l'extrémité F se déplaçant sur OC.

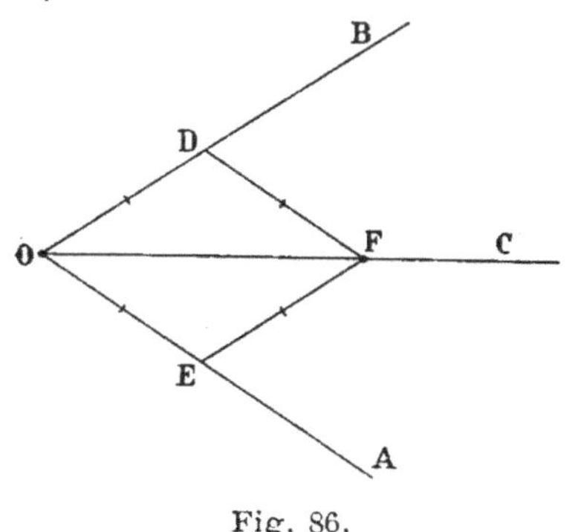

Fig. 86.

Prouver que OC est bissectrice de l'angle AOB.

143. — Applications. — I. Pour que les côtés d'un polygone soient tangents à une circonférence, autrement dit pour qu'un polygone soit *circonscriptible*, il faut et il suffit que les bissectrices des angles soient concourantes.

II. A quelle condition un parallélogramme est-il circonscriptible?

III. Construire un cercle de rayon donné tangent aux deux côtés d'un angle donné.

EXERCICES

1. Lieu géométrique des points d'un plan situés à une distance donnée : 1° d'une droite de ce plan; 2° d'une circonférence de ce plan; 3° d'une droite et d'une circonférence de ce plan; 4° de deux droites de ce plan.

2. Quel est le lieu géométrique des points équidistants de deux parallèles données.

3. Par les points M d'une droite AB, on mène des droites parallèles, de longueur donnée MN, à une direction donnée D. Trouver le lieu du point N.

4. Étant donné un angle, mener parallèlement à une direction donnée une sécante telle que la partie interceptée entre les côtés de l'angle soit d'une longueur donnée.

5. Deux points A et A' sont dits *symétriques* par rapport à une droite XX' si la droite AA' coupe XX', est perpendiculaire à XX' et si le milieu de AA' est sur XX'.

6. Deux points A et B ont pour symétriques A' et B' par rapport à la droite XX' (Géométrie plane). On prend sur XX' un point M. A quelle condition AM + MB est-il le plus court possible? A quelle condition $\widehat{AMX} = \widehat{BMX}$? Prouver que AB' et BA', AB et A'B' se coupent sur XX'.

7. Étant donné un point A situé à l'intérieur d'un angle, trouver le plus court chemin pour revenir au point de départ A en touchant les côtés de l'angle.

8. Etant donnés deux points situés à l'intérieur d'un angle, trouver le plus court chemin pour aller de l'un à l'autre en touchant les côtés de l'angle.

9. Tracer deux circonférences concentriques connaissant deux points de l'une d'elles et deux points de l'autre.

10. Tracer deux circonférences concentriques connaissant trois points de l'une et un point de l'autre.

11. Tracer une circonférence qui passe à égale distance de quatre points.

12. Construire un triangle isocèle connaissant la base et le rayon du cercle circonscrit.

13. Construire une circonférence ayant son centre sur une droite donnée : 1° passant par deux points donnés; 2° tangente à deux droites données.

14. Tracer une circonférence tangente à deux droites données et passant par un point donné sur l'une des droites.

15. Entre les parallèles D et D' on mène deux droites P et P' parallèles à D, la distance de P à D étant égale à la distance de P' à D'. Montrer que le lieu géométrique des points équidistants de D et D est aussi celui des points équidistants de P et P'.

(Application : déterminer au trusquin le milieu d'une épaisseur.) — Si les droites D et D' se coupent, montrer que le point de rencontre de P et P' est un point de la bissectrice de l'angle formé par D et D'.

CHAPITRE IX

DE LA MÉTHODE EN GÉOMÉTRIE

144. — Nous pouvons maintenant dire quelques mots de la méthode en Géométrie.

Démontrer un théorème, c'est transformer les propriétés contenues dans **l'hypothèse** pour arriver à celles qui constituent **la conclusion**.

a) La première chose à faire est donc de mettre en évidence l'hypothèse et la conclusion.

b) Ceci fait, il faut connaître les propriétés contenues dans l'hypothèse et la conclusion et, pour cela, il est absolument nécessaire de remplacer par leurs définitions les termes qui y sont contenus.

Nous avons parlé précédemment (**128**) des propriétés résultant des théorèmes directs et de leurs réciproques. Il faut naturellement choisir, soit la définition, soit la propriété la plus avantageuse.

145. — EXEMPLE. — *Si, par le point de rencontre O des bissectrices des angles d'un triangle, on mène la parallèle MN à l'un des côtés BC, on a* MN = BM + CN *(fig. 87).*

I. *a)* Quelle est l'hypothèse? — Par le point de rencontre O des bissectrices des angles d'un triangle on mène la parallèle MN à l'un des côtés.

Quelle est la conclusion? — MN = BM + NC.

On a donc :

Hypothèse.

ABC triangle.
BO bissectrice de $\hat{B}$.
CO bissectrice de $\hat{C}$.
$\overline{MON}$ ∥ BC.

Conclusion.

MN = BM + NC.

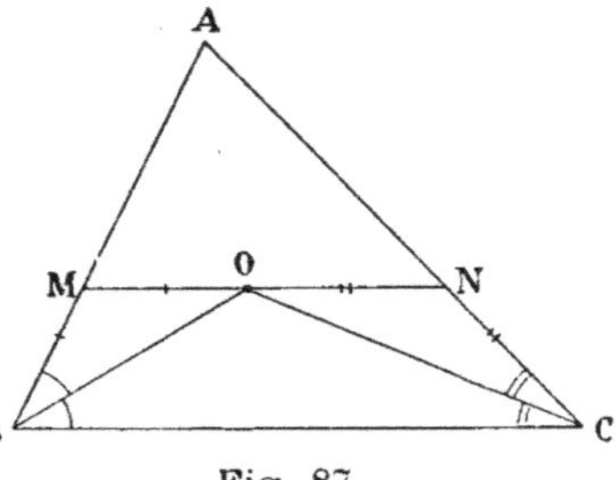

Fig. 87.

b) Qu'exprime-t-on en disant que BO est bissectrice de $\hat{B}$? — C'est dire que BO divise $\hat{B}$ en deux parties égales, ou encore que BO est le lieu géométrique des points équidistants de BA et de BC (**136**).

Dire que MN est parallèle à BC, c'est dire ou que ces deux droites ne se rencontrent jamais si loin qu'on les prolonge (**104**) ou que, coupées par une sécante, elles forment des angles alternes-internes égaux (**113**).

Pour faciliter la solution, nous écrivons l'hypothèse ainsi :

Hypothèse.

ABC triangle.
$\widehat{MBO} = \widehat{OBC}$.
$\widehat{NCO} = \widehat{OCB}$.
$\widehat{MOB} = \widehat{OBC}$
$\widehat{NOC} = \widehat{OCB}$.

Conclusion.

MN = BM + CN.

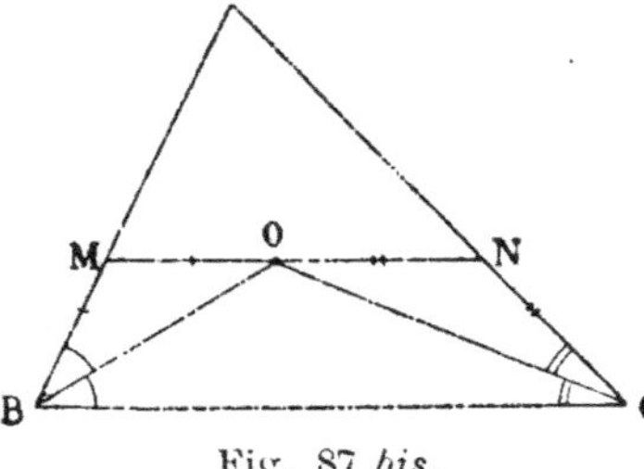

Fig. 87 *bis*.

II. La première partie étant terminée, il faut faire la démonstration. On y arrive au moyen de transformations successives, soit de l'hypothèse, soit de la conclusion, soit de ces deux parties. On cherche à rapprocher de plus en plus l'hypothèse de la conclusion. Pour opérer ces transformations successives, on a recours, soit à des axiomes, soit à des théorèmes, et ici encore, quand un théorème peut être énoncé de diverses façons, il importe de choisir l'énoncé qui se prête le mieux à la solution.

Reprenons l'exemple précédent.

Étant donnés l'hypothèse et l'axiome : deux quantités égales à une troisième sont égales entre elles, nous pouvons écrire :

$$\widehat{MOB} = \widehat{OBC} = \widehat{MBO} \qquad et \qquad \widehat{NOC} = \widehat{OCB} = \widehat{NCO}$$
$$(1^{re} \text{ transformation}).$$

Ces relations montrent que les triangles MOB et NOC sont isocèles (**79** et **82**), d'où résulte par définition :

$$MB = MO \qquad NC = NO$$
$$(2^e \text{ transformation}).$$

On a évidemment MN = MO + ON. En remplaçant MO par

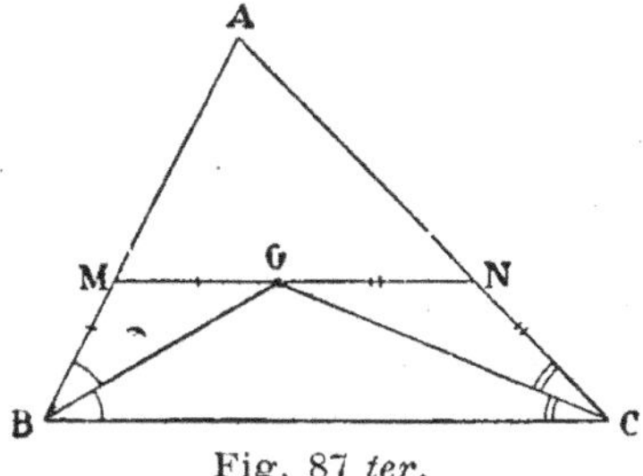

Fig. 87 *ter.*

son égal MB et NO par son égal NC, on obtient :

$$MN = MB + NC$$
$$(3^e \text{ et dernière transformation}).$$

CHAPITRE X

RAPPORT DE DEUX GRANDEURS

146. — **Notions sur les limites.** — « Le mot de limite prête à l'équivoque. Dans le langage ordinaire, il désigne une barrière qui ne doit pas être franchie, mais qui peut être atteinte; c'est dans ce. sens qu'on parle de la limite d'un champ, d'un pays, des limites d'un pouvoir, d'une autorité. C'est une sorte de frontière jusqu'à laquelle on peut aller, à la rigueur, mais à condition de s'y tenir strictement. Les géomètres ont créé un sens nouveau. Pour eux, la limite est un confin auquel on ne peut pas accéder complètement ; on en approche sans cesse de plus en plus, mais on ne l'atteint jamais. Nous en avons un exemple frappant dans le parallélisme. » (DE FREYCINET.)

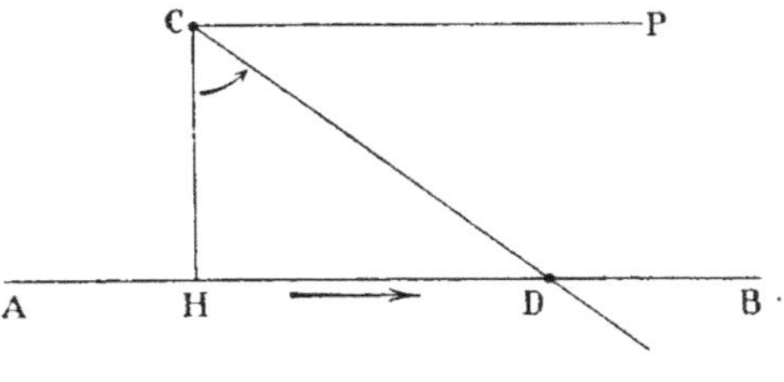

Fig. 88.

AB étant une droite fixe (fig. 88), faisons tourner autour du point fixe C la sécante CD, le point D s'éloigne autant qu'on veut de la projection H de C sur AB, et par suite la sécante CD fait un angle aussi petit qu'on veut avec la parallèle CP à AB.

Si loin que soit le point D, « cette sécante qui tend à devenir parallèle ne le devient jamais. La position dont elle approche appartient à une ligne d'espèce différente (dire sécante, c'est dire rencontre; dire parallèle, c'est dire absence de rencontre). Elle ne peut se confondre avec elle, sous peine de changer de nature ; elle en diffère aussi peu qu'on veut, mais elle en diffère toujours. » (DE FREYCINET.)

RAPPORT DE DEUX GRANDEURS

147. — **Définitions.** — Pour évaluer le **rapport de deux grandeurs** de *même espèce*, il faut d'abord définir l'*égalité* et la *somme* de deux grandeurs de cette espèce. La marche à suivre étant la même pour toutes les espèces de grandeurs, supposons qu'il s'agisse de longueurs. Nous en avons défini l'égalité et la somme (**9**).

Soit à évaluer le rapport de deux longueurs A et B. (fig. 89). Portons B sur A autant de fois que possible. Si A

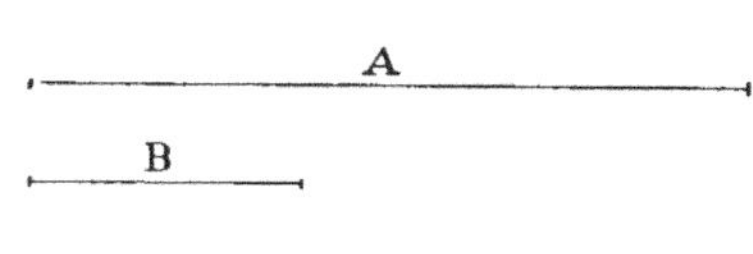

Fig. 89.

contient exactement B, par exemple 3 fois, on dit que le rapport de A à B est égal à 3 (nombre entier) ; et l'on écrit $A = 3\,B$. On dit aussi que A est 3 fois plus grand que B, ou que A contient 3 fois B, ou que B est 3 fois plus petit que A, ou que B est le tiers de A, ou que B est une 3ᵉ partie aliquote de A.

Si A ne contient pas B plusieurs fois exactement, partageons B successivement en 2, 3,... parties égales, jusqu'à ce qu'on obtienne une partie aliquote de B exactement contenue dans A. S'il a fallu, par exemple, partager B en 29 parties égales et si A contient 163 de ces parties, on dit que le rapport des longueurs A et B est $\dfrac{163}{29}$ (nombre fractionnaire).

Dans les deux cas précédents, les longueurs A et B sont dites **commensurables entre elles** et la partie aliquote de B contenue exactement dans A est dite **commune mesure** entre A et B. Il est évident que toute partie aliquote de cette commune mesure est elle-même une commune mesure entre A et B, et que son emploi conduirait pour la valeur du rapport de A à B au nombre précédemment trouvé.

148. — **Cas où la comparaison directe est impossible.** — Si l'on ne peut pas transporter B sur A, ou A sur B, il est impossible d'évaluer directement le rapport de A à B. On prend alors une troisième grandeur C *transportable*, de même espèce que A et B. On peut ainsi évaluer les rapports de A à C et de B à C.

Je dis que l'on peut en déduire le rapport de A à B.

Soient A = 2,4 mètres, et B = 3,6 mètres. Cela veut dire que le rapport de A à C vaut 2,4 et que le rapport de B à C vaut 3,6, en désignant le mètre par C.

Je dis que *le rapport de* A *à* B *est égal au quotient de 2,4 par 3,6.*

En effet, dire que le rapport de A à C vaut 2,4, c'est dire que A contient 24 dixièmes de mètres; dire que le rapport de B à C vaut 3,6, c'est dire que B contient 36 dixièmes de mètres, ou encore que le dixième du mètre est la 36e partie de B. Ainsi A contient 24 fois la 36e partie de B.

Donc, le rapport de A à B est égal à $\dfrac{24}{36} = \dfrac{2,4}{3,6}$.

MESURE DES GRANDEURS

149. — **Définition.** — **Mesurer** *une grandeur* A, *c'est évaluer son rapport à une autre grandeur* B DE MÊME ESPÈCE *appelée* **unité**. *Le nombre obtenu est la* **mesure** *de* A. Il dépend non seulement de la grandeur de A, mais aussi de celle de l'unité B choisie.

Si on connaît les mesures de deux grandeurs de même espèce A et B comparées à une même unité C, il résulte du numéro précédent que le rapport de A à B est égal au quotient de ces mesures. Aussi, nous désignons le rapport de deux grandeurs A et B par la *notation* $\dfrac{A}{B}$, qui rappelle l'opération à effectuer. Pour dire, par exemple, que A vaut les deux tiers de B, nous écrivons : $\dfrac{A}{B} = \dfrac{2}{3}$.

Si deux grandeurs A et B de même espèce ont pour mesures respectives a et b, la somme de ces grandeurs a pour mesure $a + b$, et la différence $a - b$.

150. — **Mesures approchées**. — Soient A, B, C trois grandeurs de même espèce, a, b, c les mesures de ces trois grandeurs, lorsqu'on les compare à une même unité.

Si l'on a :

$$A < B < C,$$

On a aussi :

$$a < b < c.$$

Et a est dit *mesure approchée par défaut* de B, c est dit *mesure approchée par excès* de B.

En prenant a où c, au lieu de la mesure exacte b, on commet une *erreur* évidemment inférieure à $c - a$.

Dans le cas particulier où la grandeur $C - A$ est égale à la n^e partie de l'unité, on dit que a et c sont des valeurs approchées de B *à moins de* $\dfrac{1}{n}$.

On voit que, plus $c - a$ est petit, moins a et c diffèrent de b. Autrement dit, deux mesures approchées, l'une a par défaut, l'autre c par excès, sont d'autant plus approchées de la mesure exacte b, que la différence $c - a$ est plus petite.

Comme cette différence peut devenir aussi petite que l'on veut, on peut avoir des mesures approchées de B avec une approximation aussi grande que l'on veut.

151. — **Grandeurs incommensurables** [1]. — Il peut arriver que, si petite qu'elle soit, une partie aliquote de l'unité ne soit jamais contenue exactement dans B. On dit alors que la grandeur B est **incommensurable** avec cette unité.

Pratiquement, il n'existe pas de grandeurs incommensurables. Cela tient à l'imperfection de nos sens. On *prouve* cependant l'existence de telles grandeurs. Non seulement l'incommensurabilité existe, mais c'est la règle générale.

Il faut un concours très particulier de circonstances pour que deux grandeurs de même espèce, prises au hasard, admettent une commune mesure.

Pour mesurer B, lorsque B est incommensurable avec l'unité choisie, on considère deux grandeurs A et C, commensurables avec cette unité (**147**), l'une plus petite, l'autre plus grande que B;

---

1. Les numéros imprimés en petits caractères ne sont pas indispensables pour l'intelligence de la suite.

quant à la différence C — A, elle est théoriquement aussi petite que l'on veut, pratiquement on la détermine en tenant compte de la précision que l'on veut obtenir. Les nombres a et c qui mesurent A et C sont, *par définition*, des mesures approchées de la grandeur incommensurable B.

152. — Grandeurs proportionnelles. — Deux rapports $\dfrac{A}{B}$ et $\dfrac{C}{D}$ sont égaux quand ils ont la même valeur. Les deux grandeurs A et B sont de même espèce, et aussi C et D, mais ces deux dernières peuvent être d'une autre espèce que les deux premières.

Lorsque quatre grandeurs A, B, C, D, A *et* B *de même espèce,* C *et* D *d'une autre espèce, vérifient l'égalité* $\dfrac{A}{B} = \dfrac{C}{D}$, *on dit que ces grandeurs sont* **proportionnelles**.

Dans ce cas, mesurons A et C, en prenant pour unités respectives B et D. Alors l'égalité précédente devient :

$$\text{mesure de A} = \text{mesure de C.}$$

Il suffit donc de mesurer l'une des grandeurs, A ou C, pour avoir la mesure de l'autre (pourvu que les unités B et D se correspondent).

Aussi certaines théories géométriques ont-elles pour but de prouver la proportionnalité de certaines grandeurs appartenant à *deux* espèces différentes.

Le chapitre suivant va nous montrer un premier exemple.

EXERCICES

1. Deux longueurs sont mesurées à 1 mm. près. L'une vaut 12 mm., l'autre 12 m. 394. Laquelle est le mieux connue ? Pourquoi ?

Dans ce cas l'erreur *absolue* commise est au plus 1 mm.

2. On appelle erreur *relative* le quotient de l'erreur absolue par la mesure correspondante $\left(\dfrac{1}{12}, \ \dfrac{1}{12394} \text{ dans les deux exemples considérés}\right)$.

Montrer l'importance pratique de la connaissance de l'erreur relative.

CHAPITRE XI

MESURE DES ANGLES

153. — Puisque nous avons défini l'égalité et l'addition de deux angles (**23**), nous pouvons mesurer un angle (**149**). Il en est de même pour les arcs de même rayon (**60**).

Pratiquement, la mesure directe d'un angle serait une opération délicate (voir pourquoi). La mesure d'un arc est, au contraire, assez facile à l'aide du **rapporteur** (**158**). C'est pourquoi nous allons ramener la mesure d'un angle à celle de l'arc intercepté entre ses côtés, en démontrant les théorèmes suivants.

154. — **Arcs, cordes et angles au centre.** — Soient, dans le cercle de centre O (fig. 90),

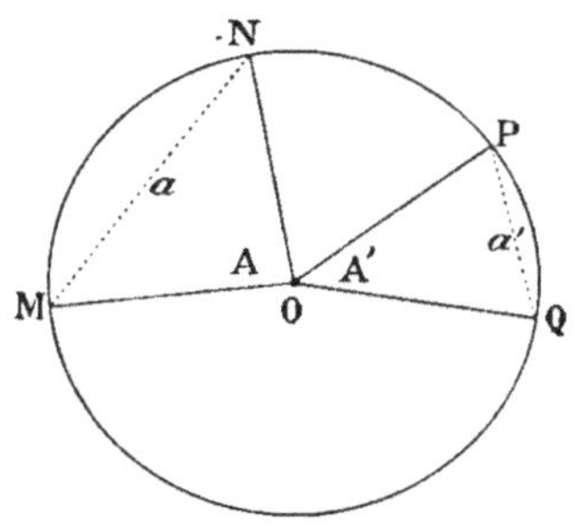

Fig. 90.

deux arcs $\overset{\frown}{MN}$ et $\overset{\frown}{PQ}$, sous-tendus par les cordes $MN = a$, $PQ = a'$. (On suppose ces arcs inférieurs à une demi-circonférence.) Les triangles OMN et OPQ ont deux côtés égaux chacun à chacun.

Or les hypothèses :

$$(1) \qquad \overset{\frown}{MN} > \overset{\frown}{PQ}, \quad \overset{\frown}{MN} = \overset{\frown}{PQ}, \quad \overset{\frown}{MN} < \overset{\frown}{PQ},$$

entraînent respectivement, pour les angles au centre correspondants (**63**) :

$$(2) \qquad \hat{A} > \hat{A}', \quad \hat{A} = \hat{A}', \quad \hat{A} < \hat{A}'.$$

Conclusions qui entraînent à leur tour (**88**) :

$$(3) \qquad a > a', \quad a = a', \quad a < a'.$$

Réciproquement, (3) entraîne (2), qui entraîne (1).

(2) entraîne (3), qui entraîne (1).

Et ainsi : dans un même cercle, ou dans des cercles égaux,

Deux arcs (inférieurs à une demi-circonférence)*, les cordes qui les sous-tendent et les angles au centre qui leur correspondent sont dans le même ordre de grandeur.*

En particulier, pour que deux arcs d'un même cercle, ou de deux cercles de même rayon, soient égaux, *il faut et il suffit* que les cordes qui les sous-tendent, ou que les angles au centre qui les interceptent soient égaux; les réciproques sont vraies.

155. — **Théorème**. — *Dans un même cercle, ou dans deux cercles égaux, le rapport de deux angles au centre est égal au rapport des arcs qu'ils interceptent.*

Hypothèse.   **Conclusion.**

O et C cercles $\dfrac{\hat{O}}{\hat{C}} = \dfrac{\text{arc AB}}{\text{arc DE}}$.

égaux.

$\hat{O}$ et $\hat{C}$ angles
au centre.

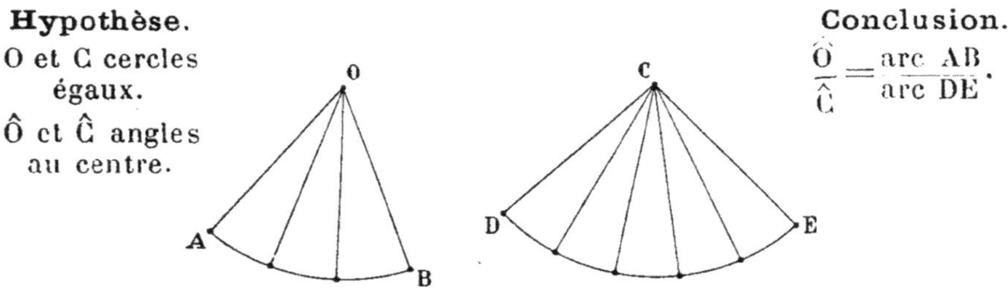

Fig. 91.

Supposons que les arcs aient une commune mesure contenue, par exemple, trois fois dans $\overgroup{\text{AB}}$ et cinq fois dans $\overgroup{\text{DE}}$ (fig. 91). On a :

$$\frac{\text{arc AB}}{\text{arc DE}} = \frac{3}{5}.$$

Joignons les points de division obtenus au centre. Nous formons des angles au centre égaux (**63**); $\overgroup{\text{AOB}}$ contient trois de ces angles et $\overgroup{\text{DCE}}$ cinq, d'où :

$$\frac{\text{angle AOB}}{\text{angle DCE}} = \frac{3}{5}.$$

Conclusion : $\dfrac{\text{arc AB}}{\text{arc DE}} = \dfrac{\text{angle AOB}}{\text{angle DCE}}$.

156. — **Théorème**. — *Un angle au centre a même mesure que l'arc qu'il intercepte.*

Nous venons de voir que $\dfrac{\text{angle AOB}}{\text{angle DCE}} = \dfrac{\text{arc AB}}{\text{arc DE}}$.

Prenons $\widehat{DCE}$ comme unité d'angle. Alors :

$$\text{mesure } \widehat{AOB} = \frac{\text{angle AOB}}{\text{angle DCE}} = \frac{3}{5}. \qquad (152)$$

Prenons en même temps $\widehat{DE}$ comme unité d'arc. Alors :

$$\text{mesure } \widehat{AB} = \frac{\text{arc AB}}{\text{arc DE}} = \frac{3}{5}.$$

Donc : $\qquad \text{mesure } \widehat{AOB} = \text{mesure } \widehat{AB}.$

Il est important de retenir la correspondance des unités d'angle et d'arc : *l'unité d'arc est l'arc intercepté par l'unité d'angle.*

157. — REMARQUE. — Nous avons vu que l'égalité des angles au centre entraîne l'égalité des cordes opposées, aussi bien que celle des arcs interceptés (**154**). Pourquoi alors ne peut-on pas ramener la mesure des angles à celle des cordes, ce qui serait encore plus simple que de la ramener à celle des arcs?

La réponse est aisée. Lorsqu'on fait une somme d'angles au centre, l'arc intercepté par cette somme est égal à la somme des arcs interceptés par chacun d'eux. Au contraire, la corde opposée à la somme d'angles est plus petite que la somme des cordes opposées à chacun des angles, puisqu'un segment de droite est plus court qu'une ligne brisée terminée aux extrémités du segment. D'où résulte que, si on triple un angle, la corde opposée n'est pas triplée, plus généralement *les cordes ne sont pas proportionnelles aux angles au centre.* Or, c'est la proportionnalité des arcs et des angles qui nous a permis de remplacer la mesure des angles par celle des arcs.

158. — **Usage du rapporteur**. — La mesure des arcs s'effectue au moyen du **rapporteur** (fig. 92). Cet instrument est un demi-cercle de laiton ou de corne, dont le bord ou

limbe est divisé en 180 arcs égaux. Ces arcs valent donc 1 degré de toute circonférence de rayon égal au rayon du limbe.

Pour mener un angle donné AOB (fig. 92), on place le centre du rapporteur au sommet O de l'angle, on dirige le diamètre suivant un des côtés OA, et on lit le nombre de degrés interceptés sur le limbe entre les côtés OA et OB.

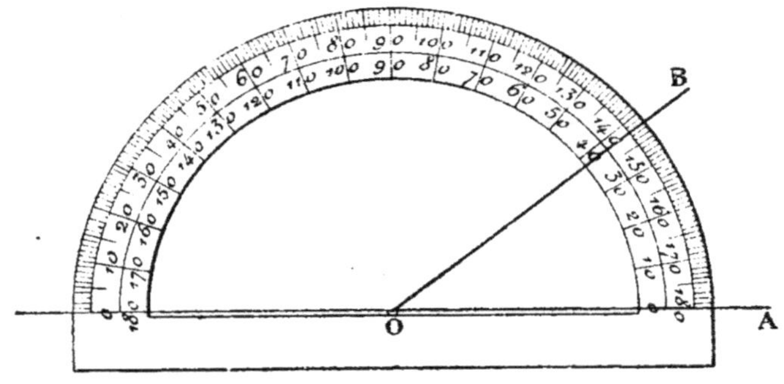

Fig. 92.

Autant il y a de degrés d'arc, autant l'angle AOB contient de fois la 90e partie d'un angle droit.

159. — REMARQUE. — *Quel que soit le rayon du rapporteur dont on se sert, la lecture effectuée comme il vient d'être dit donne toujours le même nombre pour un même angle* AOB.

En effet, l'unité d'angle intercepte sur le limbe de chaque rapporteur la 360e partie de la circonférence de rayon égal à celui du limbe. Si donc l'angle AOB intercepte 26 degrés sur un rapporteur, il interceptera aussi 26 degrés sur un autre rapporteur quelconque. Les degrés sont des arcs plus ou moins grands suivant les rapporteurs, mais il y en a toujours le même nombre compris entre les côtés d'un même angle.

160. — **Définitions**. — Quand les côtés d'un angle *rencontrent tous deux une circonférence au moins en un point*, on peut encore ramener leur mesure à celle d'arcs convenablement choisis, ainsi que le montrent les propositions suivantes.

D'après la position du sommet de tels angles on distingue :

1° *Les angles inscrits* dont le sommet se trouve sur la circonférence.

2° *Les angles intérieurs* dont le sommet est à l'intérieur du cercle.

3° *Les angles extérieurs* dont le sommet est à l'extérieur du cercle.

161. — Théorème. — *Un angle inscrit a même mesure que la moitié de l'arc qu'il intercepte.*

Pour ramener cette mesure à celle d'un angle au centre, nous distinguerons trois cas :

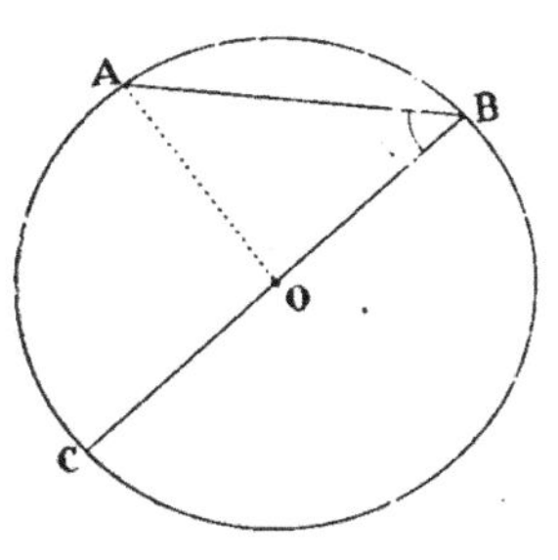

Fig. 93.

1° *Le centre O se trouve sur l'un des côtés* (fig. 93).

$$\widehat{AOC} = \widehat{OAB} + \widehat{OBA}. \quad (119)$$

Mais

$$\overline{OA} = \overline{OB}, \quad \text{d'où } \widehat{OAB} = \widehat{OBA}. \quad (82)$$

Donc

$$\widehat{AOC} = 2\widehat{ABC}, \qquad \text{ou } \widehat{ABC} = \frac{1}{2}\widehat{AOC}.$$

Or, $\qquad$ mesure de $\widehat{AOC} =$ mesure de $\widehat{AC}. \quad (156)$

Donc : mesure de $\widehat{ABC} = \frac{1}{2}$ mesure de $\widehat{AC} =$ mesure de $\dfrac{\widehat{AC}}{2}$.

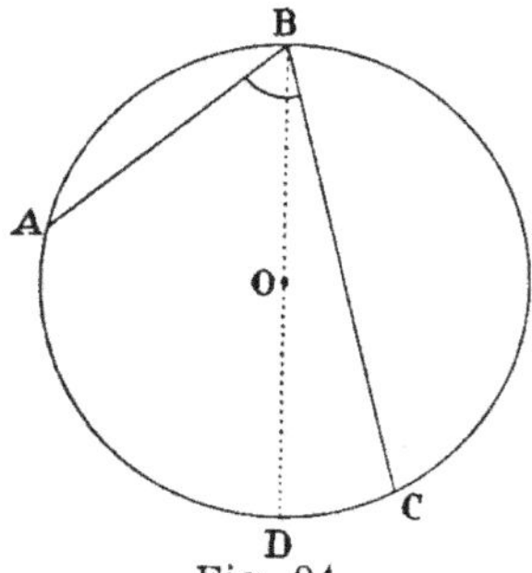

Fig. 94.

2° *Le centre O est à l'intérieur de l'angle* (fig. 94).

Traçons le diamètre BD. Alors

$$\widehat{ABC} = \widehat{ABD} + \widehat{DBC}.$$

D'après la première partie :

$$\text{mes. } \widehat{ABD} = \text{mes. } \frac{\widehat{AD}}{2}$$

$$\text{et mes. } \widehat{DBC} = \text{mes. } \frac{\widehat{DC}}{2}.$$

D'où : mes. $\widehat{ABC} =$ mes. $\left(\dfrac{\widehat{AD}}{2} + \dfrac{\widehat{DC}}{2} \right) =$ mes. $\dfrac{\widehat{AC}}{2}$.

3° *Le centre O est extérieur à l'angle* (fig. 95).

Traçons le diamètre BD. Alors

$$\widehat{ABC} = \widehat{ABD} - \widehat{DBC}.$$

D'où : mes. $\widehat{ABC} = $ mes. $\left(\dfrac{\widehat{AD}}{2} - \dfrac{\widehat{DC}}{2} \right) = $ mes. $\dfrac{\widehat{AC}}{2}$.

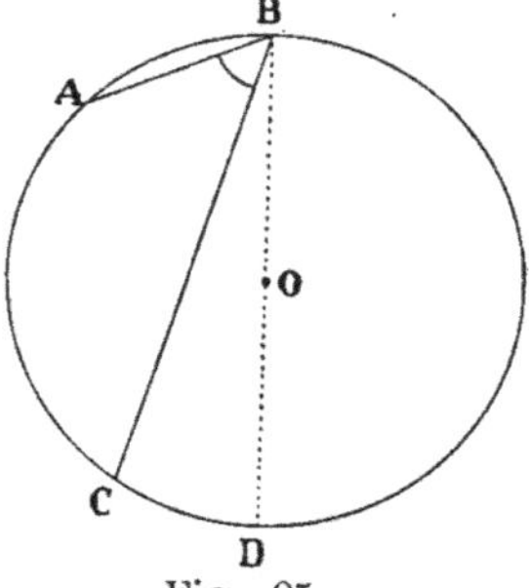

Fig. 95.

162. — REMARQUE. — Si le sommet B de l'angle inscrit parcourt l'arc ABC, les points A et C restant fixes, l'angle B conserve une valeur constante. Autrement dit : *tous les angles inscrits dans un même segment de cercle sont égaux.*

Lorsque les points A et C sont les extrémités d'un diamètre (fig. 96), l'angle B est constamment droit, autrement dit, *tous les angles inscrits dans une demi-circonférence sont droits.*

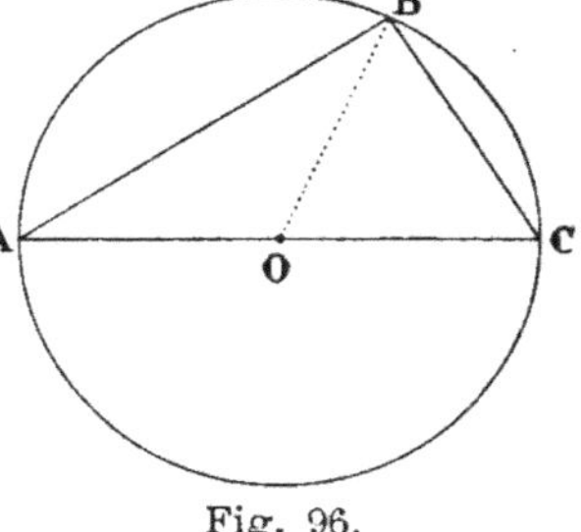

Fig. 96.

Cette proposition peut d'ailleurs se démontrer en remarquant que le rayon OB divise le triangle ABC en deux triangles isocèles.

163. — **Théorème.** — *L'angle formé par une tangente et*

Hypothèse.

AB tangente.
AC corde.

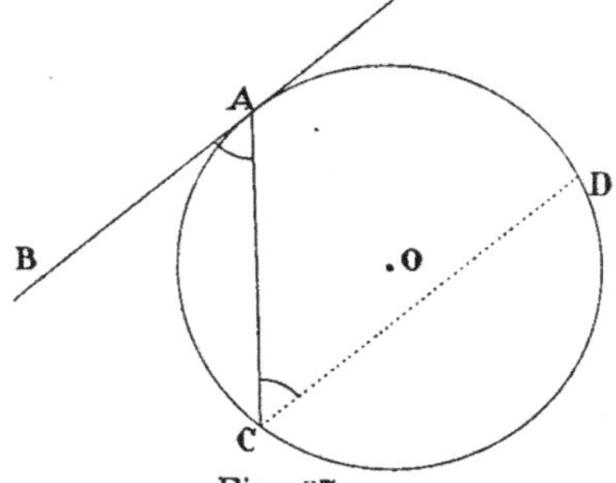

Fig. 97.

Conclusion.

Mes. $\widehat{BAC} = $ mes. $\dfrac{\widehat{AC}}{2}$.

une corde passant par le point de contact a même mesure que la moitié de l'arc qu'il intercepte (fig. 97).

Menons la parallèle CD à la tangente AB. Les angles alternes-internes BAC et ACD sont égaux, ainsi que les arcs AC et AD.

Donc, puisque mes. $\widehat{ACD} = $ mes. $\dfrac{\widehat{AD}}{2}$, on a

$$\text{mes. } \widehat{BAC} = \text{mes. } \dfrac{\widehat{AC}}{2}.$$

164. — **Théorème.** — *Un angle qui a son sommet à l'intérieur d'un cercle a même mesure que la demi-somme des arcs compris entre ses côtés et leurs prolongements* (fig. 98).

Hypothèse.

$\widehat{ABC}$ angle ayant son sommet B à l'intérieur de la circonférence.

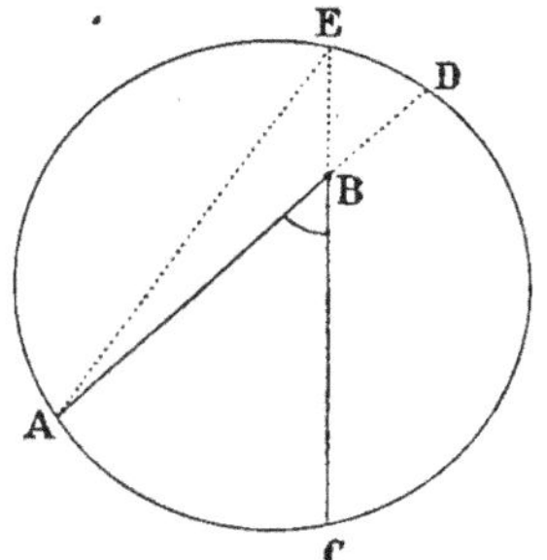

Conclusion.

Mes. $\widehat{ABC} = $ mes. $\dfrac{\widehat{AC} + \widehat{DE}}{2}$.

Fig. 98.

Dans le triangle ABE, on a : $\widehat{ABC} = \widehat{AEB} + \widehat{EAB}$ (**119**).

D'où (**161**) : mes. $\widehat{ABC} = $ mes. $\left(\dfrac{\widehat{AC}}{2} + \dfrac{\widehat{EB}}{2} \right)$.

165. — **Théorème.** — *L'angle formé par deux sécantes à un cercle, qui se coupent à l'extérieur de ce cercle, a même mesure que la moitié de la différence des arcs compris entre ses côtés* (fig. 99).

Hypothèse.

CA et CB sécantes. C extérieur au cercle.

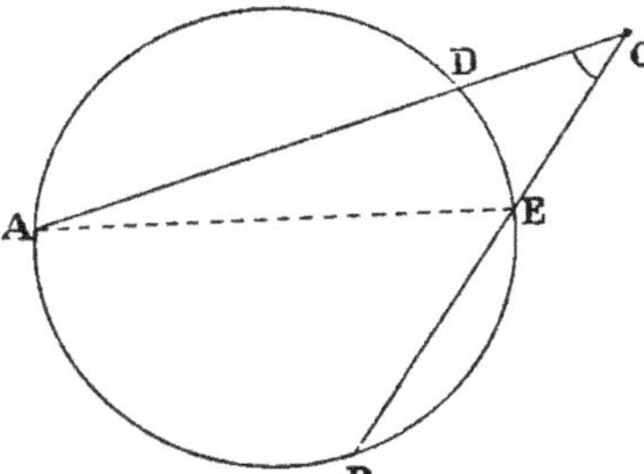

Conclusion.

mes. $\widehat{ACB} = $ mes. $\dfrac{\widehat{AB} - \widehat{DE}}{2}$.

Fig. 99.

Dans le triangle ACE, on a $\widehat{ACB} = \widehat{AEB} - \widehat{CAE}$ **(119)**.

D'où :   mes. $\widehat{ACB} = $ mes. $\left(\dfrac{\widehat{AB}}{2} - \dfrac{\widehat{DE}}{2} \right)$.

166. — **Théorème.** — *L'angle formé : 1° Par une tangente et une sécante (fig. 100), ou 2° par deux tangentes (fig. 101), a même mesure que la moitié de la différence des arcs compris entre ses côtés.*

1° Raisonnement identique au précédent **(165)**.

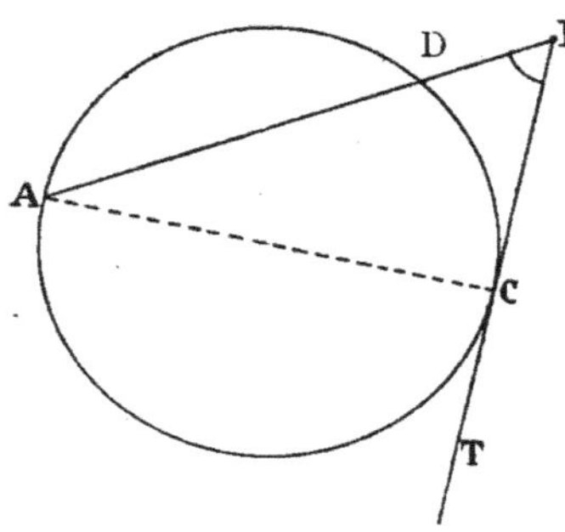

Hypothèse.

BA sécante.
BC tangente.
B extérieur
au cercle.

Conclusion.

mes. ABC =
mes. $\left(\dfrac{\widehat{AC} - \widehat{DC}}{2} \right)$.

Fig. 100.

2° Mener par B une sécante quelconque BMN. Remarquer que $\widehat{ABC} = \widehat{ABN} + \widehat{NBC}$ et appliquer la première partie.

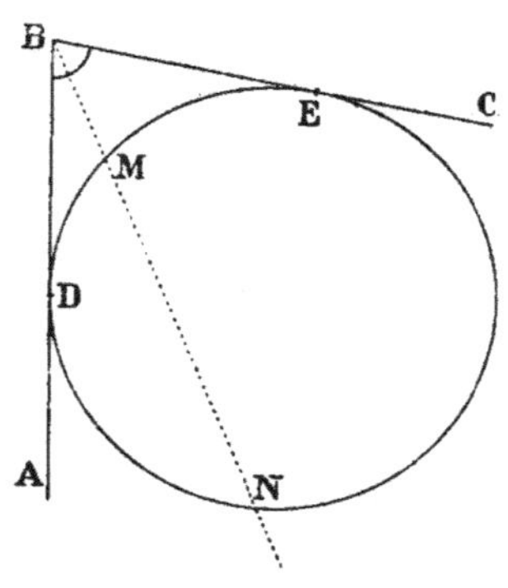

Hypothèse.

BA et BC tangentes.
B extérieur
au cercle.

Conclusion.

mes. $\widehat{ABC} =$
mes. $\left(\dfrac{\widehat{DNE} - \widehat{DME}}{2} \right)$.

Fig. 101.

167. — **Problème.** — *Le lieu géométrique des points d'un plan d'où l'on voit un segment de droite AB de ce plan sous un angle donné C se compose de deux arcs de cercle égaux* *sous-tendus par la corde* AB *et situés de part et d'autre de cette corde* (fig. 102).

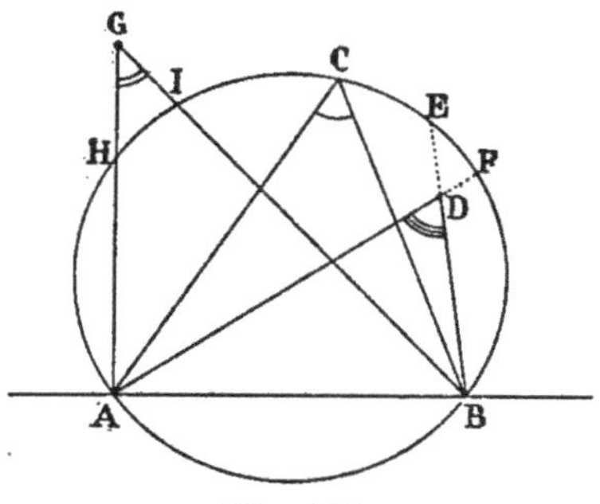

Fig. 102.

Soit C un point répondant à la question (**115**).

Les points A, B, C déterminent une circonférence unique (**131**). *Si on ne considère que la portion du plan située au-dessus de* AB, les sommets des angles dont les côtés passent par A et B peuvent occuper 3 positions :

1° Ils sont à l'extérieur du cercle, par exemple en G, et alors mes. $\hat{G}$ = mes. $\left(\dfrac{\overset{\frown}{AB} - \overset{\frown}{HI}}{2} \right)$ (**165**), d'où $\hat{G} < \hat{C}$.

2° Ils sont sur le cercle, par exemple en C, et alors, mes. $\hat{C}$ = mes. $\dfrac{\overset{\frown}{AB}}{2}$ (**161**), d'où $\hat{C}$ = valeur donnée. Examiner les points A et B (tangente).

3° Ils sont à l'intérieur du cercle, par exemple en D, et alors, mes. $\hat{D}$ = mes. $\left(\dfrac{\overset{\frown}{AB} + \overset{\frown}{EF}}{2} \right)$ (**164**), d'où $\hat{D} > \hat{C}$.

A ces trois hypothèses possibles correspondent trois conclusions distinctes. Les réciproques sont donc vraies (**64**), et nous pouvons dire : *Pour que, d'un point du demi-plan situé au-dessus de* AB, *on voie le segment* AB *sous un angle donné*, il faut et il suffit *que ce point appartienne à l'arc* $\overset{\frown}{ACB}$ *précédemment déterminé.* — Raisonnement identique pour la portion du plan située au-dessous de AB. Le théorème est démontré. — En particulier :

Le lieu géométrique des points d'où l'on voit un segment de droite AB *sous un angle droit est la circonférence de diamètre* AB.

168. — **Définitions.** — I. Nous avons dit qu'un angle est *inscrit dans un segment* quand son sommet se trouve sur l'arc de ce segment et que ses côtés passent par les extrémités de cet arc.

II. On dit qu'un segment de cercle est *capable d'un angle donné* $\hat{A}$ quand les angles inscrits dans ce segment ont la valeur $\hat{A}$. Ainsi le segment capable d'un angle droit est un demi-cercle.

III. Un polygone est dit **inscrit** dans un cercle quand ses sommets se trouvent sur la circonférence de ce cercle, la circonférence est alors dite **circonscrite** au polygone.

Un polygone est dit **circonscrit** à un cercle quand ses côtés sont tangents à ce cercle ; le cercle est alors dit **inscrit** dans le polygone.

169. — **Construction.** — *Décrire, sur une droite donnée* AB, *un segment capable d'un angle donné* $\hat{K}$ (fig. 103).

On pourrait déterminer un point M d'où l'on voie $\overline{AB}$ sous l'angle K (**115**) et tracer la circonférence circonscrite au triangle ABM (**131**).

On simplifie cette construction en considérant la tangente AC à ce cercle, puisque $\widehat{BAC} = \widehat{BMA} = \hat{K}$ (**163**). Alors :

Le centre O doit se trouver :

1° Sur la perpendiculaire au milieu de AB (**130**).

2° Sur la perpendiculaire à AC en A (**100**).

D'où la construction :

1° Mener la perpendiculaire au milieu de AB (**133**).

2° faire $\widehat{BAC} = \hat{K}$ (**66**).

3° Mener AO perpendiculaire à AC (**132**); tracer la circonférence de centre O, de rayon OA. — On

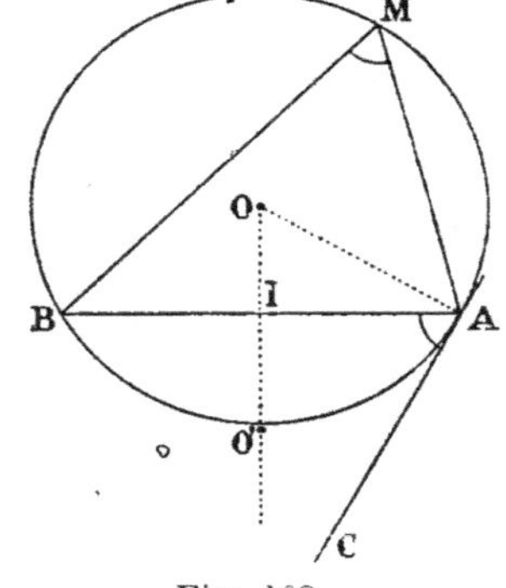

Fig. 103.

obtiendrait l'autre arc en portant $O'I = OI$ et traçant la circonférence de centre O' et de rayon $O'A = OA$.

170. — APPLICATION. — « La découverte des propriétés des segments du cercle est due vraisemblablement à la simple curiosité des géomètres ; mais il en a été de cette découverte comme il en est tous les jours de beaucoup d'autres : ce qu'on ne croyait pas d'abord utile le devient par la suite ; on a fait dans la pratique des applications fort heureuses des propriétés que nous avons démontrées. » (CLAIRAUT.)

Voici une de ces applications.

D'un point O (fig. 104) *on a visé trois points* A, B, C, *situés dans un plan passant par* O, *et on a mesuré les angles* AOB *et* BOC. *La situation des trois points est marquée sur une carte. Trouver la position occupée sur la carte par l'observateur* O. (Problème de la carte.)

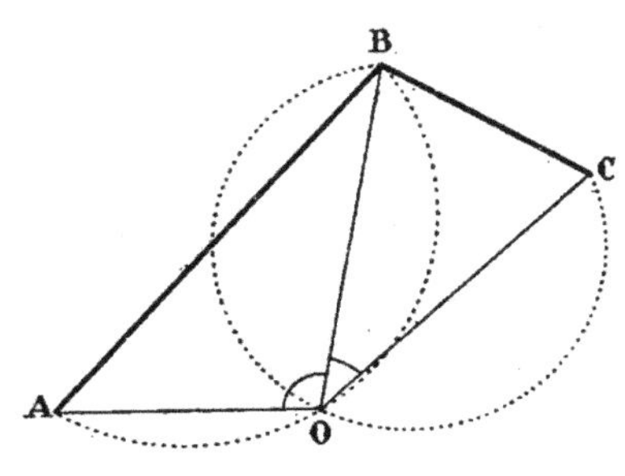

Fig. 104.

Le point cherché est évidemment le point d'intersection, autre que B, du segment capable de l'angle AOB décrit sur AB comme corde, dans la région occupée par l'observateur, avec le segment capable de l'angle BOC décrit sur BC comme corde.

EXERCICES

1. Construire un triangle connaissant un côté, la hauteur correspondante, et l'angle opposé à ce côté.

2. Construire un triangle rectangle connaissant la hauteur et la médiane relatives à l'hypoténuse.

3. Construire un triangle rectangle connaissant l'hypoténuse et les deux segments que détermine la hauteur correspondante.

4. Valeur en degrés, minutes, secondes, d'un angle inscrit, et d'un angle au centre, interceptant un arc égal à $\frac{1}{4}$, $\frac{1}{3}$, $\frac{1}{6}$, $\frac{1}{5}$, $\frac{1}{10}$, de la circonférence.

5. Un triangle isocèle BAC tourne, dans son plan, autour de son sommet A et vient en B'AC'. Etudier les propriétés de la figure BAC'CB', en particulier la position de l'intersection de BC et B'C'.

6. Dans un triangle rectangle la bissectrice de l'angle droit est bissectrice de l'angle formé par la médiane et la hauteur issues du sommet de l'angle droit.

7. Un angle d'un triangle est aigu, droit ou obtus suivant que le côté opposé est inférieur, égal ou supérieur ou double de la médiane correspondante.

Les réciproques sont-elles vraies ?

8. Dans un triangle ABC rectangle en **A** on forme le triangle isocèle ADB (AD = DB). Montrer que D est le milieu de l'hypoténuse.

La réciproque est-elle vraie?

9. Les extrémités d'une droite de longueur donnée se trouvent constamment sur les côtés d'un angle droit. Lieu du milieu de cette droite.

10. Si, par un point fixe d'une circonférence on mène différentes cordes qu'on prolonge de longueurs égales à elles-mêmes, les points obtenus sont sur une même circonférence.

11. Élever la perpendiculaire à l'extrémité d'une droite qu'on ne peut prolonger.

12. Trouver sur une circonférence deux points également distants d'un point donné C situé dans son plan. Condition de possibilité du problème.

13. A, B, C, étant trois points d'une circonférence, on joint les milieux des arcs $\overset{\frown}{AB}$, $\overset{\frown}{AC}$. Montrer que la droite de jonction intercepte sur les cordes AB, AC, à partir du point A, des segments égaux.

14. La bissectrice d'un angle APB formé par deux sécantes, détermine les arcs a, b, c, d. Prouver que $\overset{\frown}{a} + \overset{\frown}{d} = \overset{\frown}{b} + \overset{\frown}{c}$.

15. On trace la bissectrice d'un angle APB, formé par deux sécantes, et l'on mène AD, BC qui déterminent les points E, F, G. Prouver que le triangle EFG est isocèle.

16. La bissectrice d'un angle APB formé par deux sécantes détermine avec les cordes AB, CD des angles égaux $\overset{\frown}{IHC}$ et AIH.

17. Étant donné l'angle $\overset{\frown}{APB}$ formé par deux sécantes, on joint DA et BC, d'où l'angle $\overset{\frown}{EGF}$. 1° Démontrer que les bissectrices des angles $\overset{\frown}{ABP}$ et $\overset{\frown}{EGF}$ sont rectangulaires. 2° Prouver que EG=GF.

18. La base d'un triangle est fixe et l'angle opposé est constant. Lieu des points de rencontre : 1° des bissectrices; 2° des hauteurs.

19. On place une équerre dans deux positions BAC, B'A'C' de façon que son sommet A se trouve sur un cercle donné.

Prouver que le centre O est l'intersection des cordes BC et B'C'. Comment peut-on constater avec une équerre qu'une courbe est circulaire?

CHAPITRE XII

POSITIONS RELATIVES
DE DEUX CIRCONFÉRENCES
TANGENTES COMMUNES

171. — **Théorème.** — *La distance* OM *d'un point* O *à un point* M *d'une circonférence* O′ *est comprise entre les longueurs* OA *et* OB, A *et* B *étant les extrémités du diamètre* OO′.

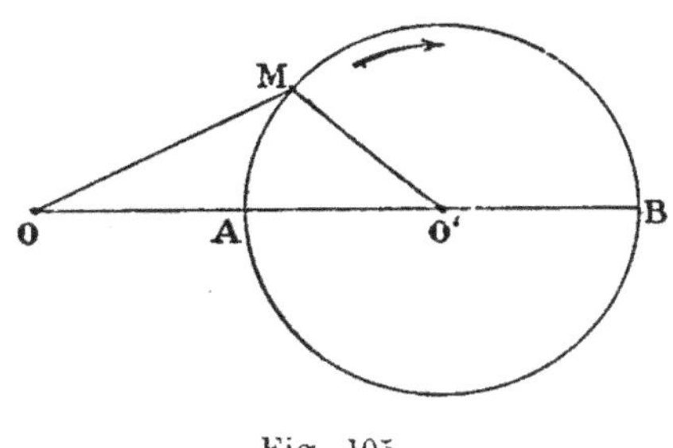

Fig. 103.

En effet le triangle OMO′ donne (fig. 105) :

1° $\mathrm{OA} + \mathrm{AO}' < \mathrm{OM} + \mathrm{O}'\mathrm{M}$,

d'où $\qquad \mathrm{OA} < \mathrm{OM}$.

2° $\quad \mathrm{OO}' + \mathrm{O}'\mathrm{M} > \mathrm{OM}$

ou $\qquad \mathrm{OB} > \mathrm{OM}$.

Nous pouvons dire plus. Lorsque le point M parcourt $\overset{\frown}{\mathrm{AMB}}$ dans le sens de la flèche, l'angle AO′M croît constamment.

En appliquant le théorème du n° **88**, on conclut que la distance OM croît constamment, de OA à OB. Si, en particulier, le point O se trouve en A, nous arrivons à cette conclusion : plus un arc $\overset{\frown}{\mathrm{AM}}$ est grand, tout en restant inférieur à une demi-circonférence, plus la corde qui le sous-tend est grande.

APPLICATION. — Vous vous trouvez à une certaine distance d'un bassin circulaire. Quel chemin devez-vous suivre pour en atteindre le bord le plus vite possible ?

172. — **Positions relatives de deux circonférences.** — Soient O et O′ les centres de deux circonférences, de rayons respectifs R et R' (fig. 106). Désignons par D la distance des centres et supposons $R > R'$. Appelons encore A et B les points de rencontre de la circonférence O' avec le diamètre OO' passant par O.

1° Supposons A et B extérieurs au cercle O, ce qui entraîne

$$D > R + R'.$$

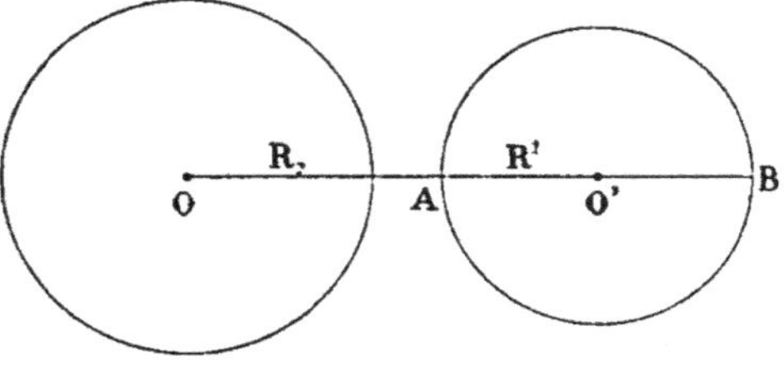
Fig. 106.

Alors tous les points du cercle O' sont extérieurs au cercle O, puisque leurs distances au point O sont supérieures à OA (**171**) et les deux circonférences sont dites **extérieures**.

2° Supposons A sur la circonférence O, B lui étant extérieur (fig. 107), ce qui entraîne $D = R + R'$. Alors tous les points de la circonférence O', sauf A, sont extérieurs à la circonférence O, et les circonférences sont dites **tangentes extérieurement**. Elles admettent au point de contact A la même tangente, perpendiculaire à la ligne de centre OO'.

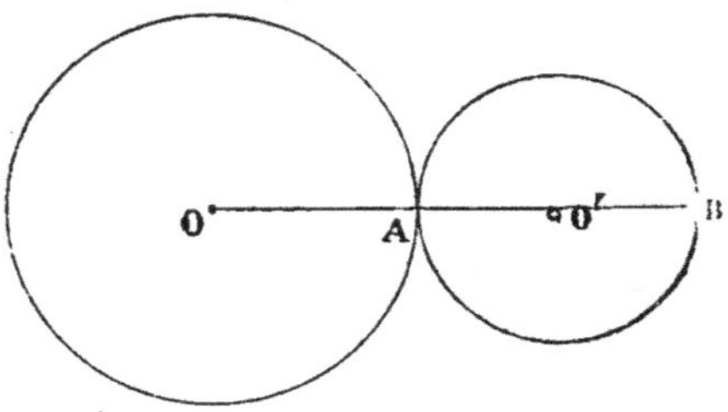
Fig. 107.

3° Supposons A intérieur au cercle O, B lui étant extérieur (fig. 108), ce qui entraîne $R - R' < D < R + R'$. Alors, en parcourant la circonférence O', on rencontre forcément la circonférence O en un point M extérieur à la ligne des centres.

OO' étant un axe de symétrie (**53**), à M correspond un point M' et OO' est perpendiculaire à MM' en son milieu (**92**). Les circonférences n'ont pas d'autre point commun.

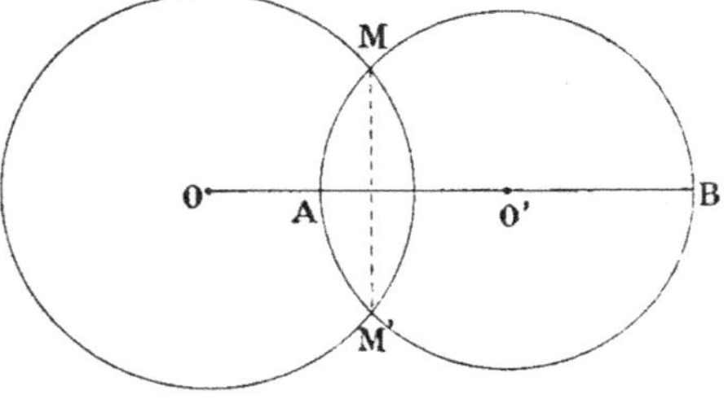
Fig. 108.

6.

Ainsi, quand deux circonférences distinctes ont un point commun extérieur à la ligne des centres, elles en ont un et un seul autre, symétrique du premier par rapport à la ligne des centres, et les deux circonférences sont dites **sécantes**.

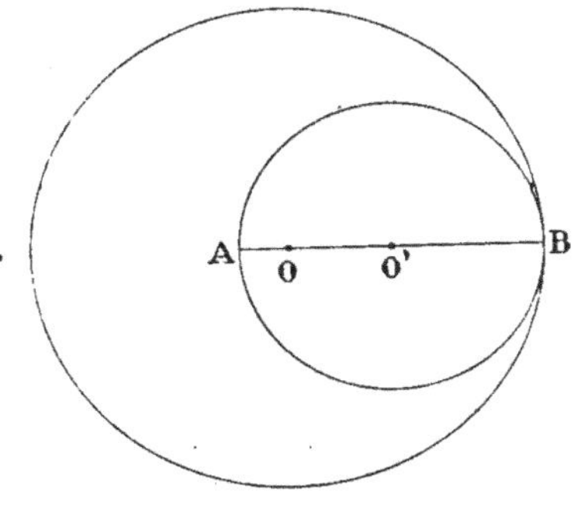

Fig. 109.

Si donc deux circonférences sont *tangentes*, le *point de contact est forcément sur la ligne des centres*.

4° Supposons B sur la circonférence O, A lui étant intérieur (fig. 109), ce qui entraîne $D = R - R'$. Alors tous les points de la circonférence O', sauf B, sont intérieurs à la circonférence O, et les deux circonférences sont dites **tangentes intérieurement**.

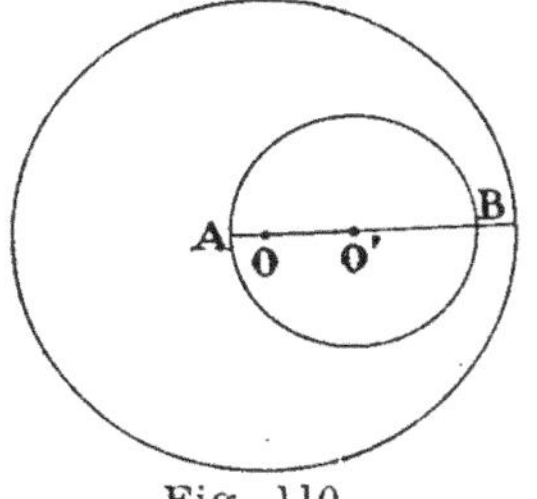

Fig. 110.

5° Supposons A et B intérieurs à la circonférence O (fig. 110), ce qui entraîne $D < R - R'$. Alors tous les points de la circonférence O' sont intérieurs à la circonférence O, et la petite circonférence est dite **intérieure** à la grande.

En particulier si $D = 0$, les circonférences ont même centre et sont dites **concentriques**.

173. — RÉCIPROQUES. — Sur les longueurs D, $R - R'$, $R + R'$, on ne peut faire que les cinq hypothèses précédentes. A ces cinq hypothèses possibles correspondent cinq conclusions distinctes. Les réciproques sont donc vraies (**64**).

Si deux circonférences sont :

1° Extérieures, on a : $D > R + R'$;

2° Tangentes extérieurement : $D = R + R'$;

3° Sécantes : $R - R' < D < R + R'$;

4° Tangentes intérieurement : $D = R - R'$;

5° L'une intérieure à l'autre : $D < R - R'$.

Nous pouvons énoncer en particulier le théorème suivant :

La condition nécessaire et suffisante pour que deux circon-

férences se coupent est que la distance des centres soit plus petite que la somme des rayons et plus grande que leur diffé- rence. — De même, pour que trois segments rectilignes soient les côtés d'un triangle, il faut et il suffit que l'un quelconque de ces segments soit plus petit que la somme des deux autres et plus grand que leur différence (**72**).

Trouver les autres énoncés.

174. — REMARQUE. — Deux circonférences tangentes admettent au point de contact la même tangente. Inversement, dans un plan, deux circonférences tangentes à une droite donnée en un point donné sont tangentes entre elles.

En particulier, un cercle O sera tangent à un cercle C donné dans son plan en un point donné A, si O est tangent en A à la tangente à C menée par A.

APPLICATION. — Inscrire un cercle dans un secteur circu- laire donné. (On appelle secteur circulaire la portion de cercle comprise entre deux rayons.)

TANGENTE A UNE ET A DEUX CIRCONFÉRENCES

175. — **Construction.** — *D'un point donné* A *mener une tangente à un cercle donné* O (fig. 111).

Soit .M un point quelconque du cer- cle O. Pour que AM soit tangente au cer- cle O, il *faut* et il *suffit* que $\widehat{AMO} = 1$ droit (**100**). Donc il *faut* et il *suffit* que M soit : 1° sur le cercle O, 2° sur la circonférence C de diamètre AO (**167**).

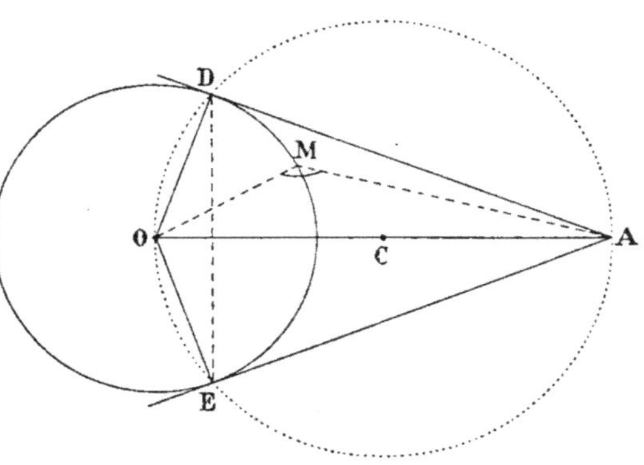

Fig. 111.

a) A *extérieur au cercle* O : les circonférences C et O se coupent en deux points D et E (**172**). Alors 2 solutions : AD, AE (fig. 111).

b) A *sur la circonférence* O. — O et C sont tangentes extérieurement en A (**172**). Une seule solution, la perpendiculaire à l'extrémité du rayon OA (**99**).

c) A *à l'intérieur du cercle* O. — O et C ne se coupent plus (**172**). 0 solution.

176. — REMARQUE. — Les triangles OAD, OAE, rectangles en D et en E, sont égaux : AO commun, OD = DE (rayon). Donc $\widehat{DAO} = \widehat{OBE}$, et AD = AE; OA est bissectrice des angles en A et O; OA est perpendiculaire à la corde DE en son milieu ; les angles DAE et DOE sont supplémentaires.

177. — APPLICATIONS. — I. Si d'un point A d'un plan on mène les tangentes AD, AE à un cercle O de ce plan (fig. 111), on dit que *le cercle est vu du point* A *sous l'angle* $\widehat{DAE}$, ou encore que *du point* A *le diamètre apparent du cercle est égal à* DAE.

Trouver un point A d'où l'on voie un cercle donné sous un angle donné.

II. Trouver un point A tel que les tangentes AD, AE à un cercle donné aient une longeur donnée.

178. — **Emploi des lieux géométriques dans les constructions.** — La résolution du problème précédent se ramène à la détermination de points. Ici le point cherché M est soumis à deux conditions : 1° il doit être à une distance donnée OD du point O; 2° il doit être tel que $\widehat{AMO} = $ 1 droit. Si on abandonne une des deux conditions, tous les points qui satisfont à l'autre condition appartiennent à un lieu géométrique. Ainsi, les points qui ne satisfont qu'à la première condition appartiennent à la circonférence O. Les points qui ne satisfont qu'à la deuxième condition appartiennent à la circonférence de diamètre OA. Les points cherchés sont donc les points d'intersection de ces deux lieux géométriques.

Cette méthode dite par *intersection de lieux géométriques* est très féconde en résultats.

179. — **Construction.** — *Mener une tangente commune à deux circonférences* O *et* O'.

Soient A un point de la circonférence O et B un point de la circonférence O' (fig. 112). Pour que AB soit une tangente commune, *il faut* et *il suffit* que les rayons OA et O'B soient perpendiculaires à AB, autrement dit que les rayons OA et OB soient parallèles et que $\widehat{OAB}$ soit droit.

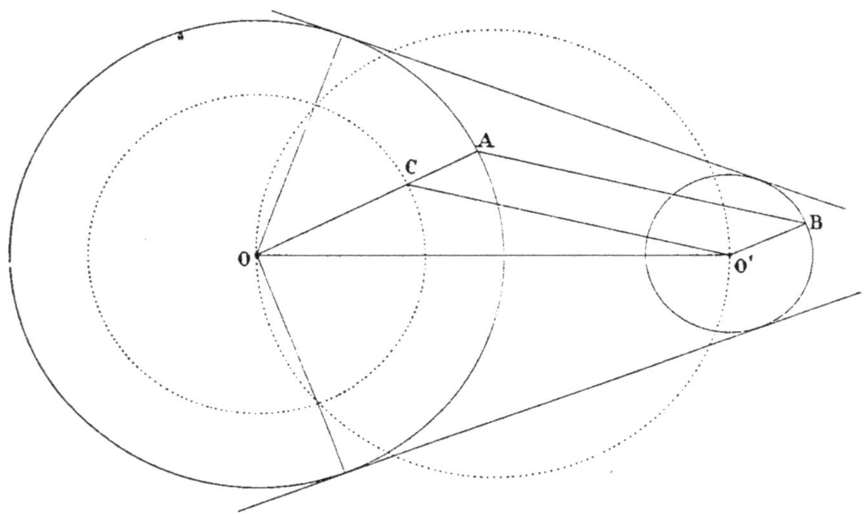

Fig. 112.

Supposons que la plus petite des deux circonférences ait O' pour centre.

Menons O'C parallèle à AB. Si AB est déterminée, O'C l'est aussi. Réciproquement, si C est déterminé, nous joignons OC et menons AB perpendiculaire en A à OC. Or la droite O'C qui passe par le point *fixe* O' est facile à déterminer. Le problème se ramène donc à construire O'C.

Les conditions à réaliser sont : 1° parallélisme de OA et O'B, 2° $\widehat{OCO'} = 1$ droit.

180. — Premier cas. — Supposons d'abord que les rayons parallèles OA et O'B *soient de même sens* (fig. 112).

Dire que OA et O'B sont parallèles, c'est dire que le

quadrilatère CABO′ est un parallélogramme (puisque O′C et AB sont parallèles) ou que AC = BO′, ou que OC = R — R′, ou que C appartient à la circonférence de centre O et de rayon R — R′.

Dire que $\widehat{OCO'} = 1$ droit, c'est dire que C appartient à la circonférence de diamètre OO′ (**167**).

Pour que les *deux* conditions soient remplies, il faut et il suffit que C soit l'intersection de la circonférence de centre O et de rayon R — R′ avec la circonférence de diamètre OO′.

En se reportant à la construction précédente, on voit que le point C est le point de contact d'une tangente menée de O′ à la circonférence de centre O et de rayon R — R′.

Discussion. — Pour que le problème soit possible, il faut et il suffit que C existe, c'est-à-dire que O′ ne soit pas intérieur à la circonférence de rayon OC (**175**).

Si OO′ > R — R′ autrement dit si les circonférences données ne sont ni intérieures ni tangentes intérieurement, il y a 2 solutions. **Les deux tangentes communes sont dites extérieures,** parce qu'elles laissent les deux cercles d'un même côté.

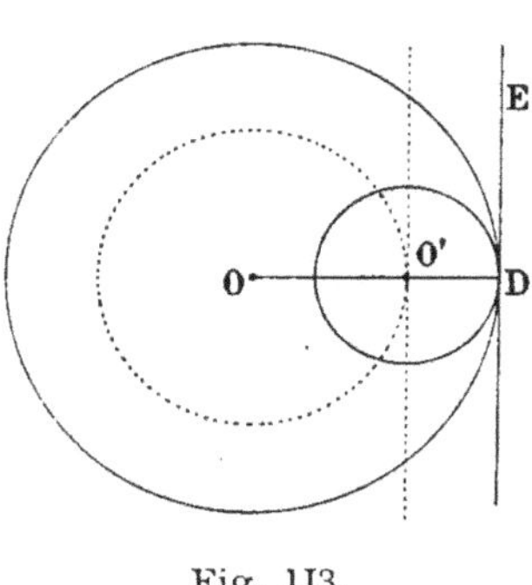

Fig. 113.

Si OO′ = R — R′, autrement dit si les circonférences données sont tangentes intérieurement (fig. 113), la circonférence de centre O et de rayon R — R′ passe par O′. Il n'y a plus qu'une tangente extérieure perpendiculaire à OO′.

181. — DEUXIÈME CAS. — Les rayons OA, O′B, sont parallèles et de *sens contraires* (fig. 114).

Raisonnement identique, sauf que OC = R + R′.

Alors le point C est l'intersection de la circonférence de centre O, de rayon R + R′, et de la circonférence de diamètre OO′.

Discussion. — Pour que le problème soit possible, il faut et il suffit que O′ ne soit pas intérieur à la circonférence de centre O et de rayon R + R′

Si $OO' > R + R'$, autrement dit si les deux circonférences

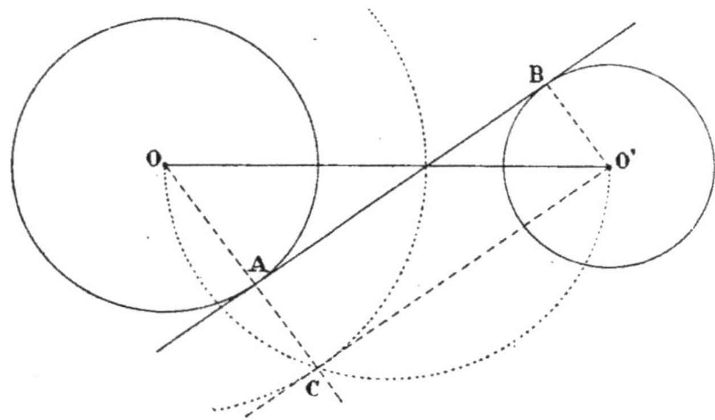

Fig. 114.

données sont extérieures, il y a 2 solutions. **Les deux tangentes communes sont dites intérieures**, car les cercles sont de part et d'autre de chacune d'elles.

Si $OO' = R + R'$, autrement dit si les circonférences sont tangentes extérieurement (fig. 115), la circonférence de rayon $R + R'$ passe par O'. Il n'y a qu'une tangente commune intérieure, perpendiculaire à la ligne des centres.

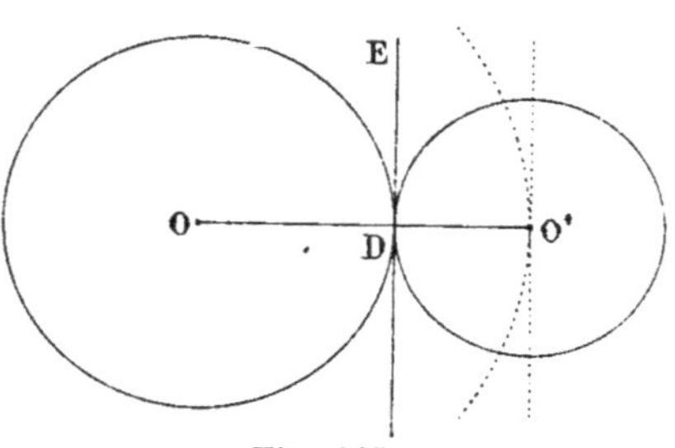

Fig. 115.

182 — REMARQUE. — D'après la symétrie des deux circonférences par rapport à la ligne des centres, montrer que les tangentes communes de même nature se coupent sur la ligne des centres, qu'elles sont également inclinées sur cette droite, et que les segments compris entre les points de contact sont égaux.

183. — EXERCICE. — *Construire un triangle connaissant deux côtés* a, b, *et l'angle* A *opposé à l'un d'eux* a (fig. 116).

Sur le côté $BC = a$, décrivons le segment $\overset{\frown}{BMC}$ capable de l'angle A (par raison de symétrie nous ne le décrivons que d'un côté). Si $\hat{A}$ était obtus, nous considérerions l'arc $\overset{\frown}{BNC}$. De C comme centre, avec b pour rayon, nous décrivons un arc de cercle qui coupe la circonférence O en deux, un ou zéro point, suivant que b est inférieur, égal ou supérieur au diamètre $\overline{CD}$.

Nous arrivons immédiatement aux résultats suivants :

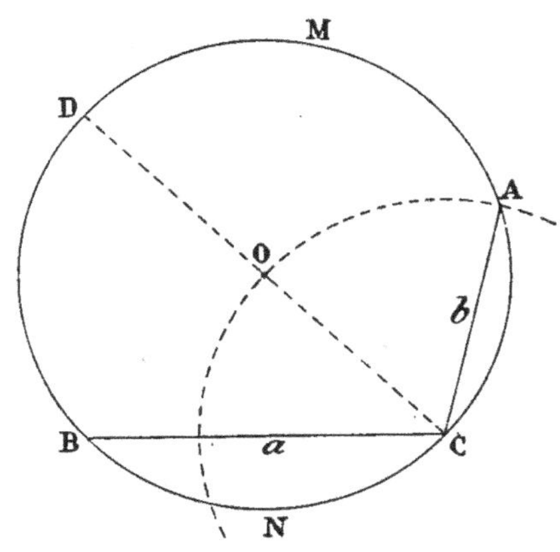

Fig. 116.

$1° \hat{A}$ obtus, $\begin{cases} \text{si } b < a : & \text{1 solution.} \\ \text{dans les autres cas :} & \text{0 solution.} \end{cases}$

$2° \hat{A}$ aigu, $\begin{cases} \text{si } b < a : & \text{1 solution.} \\ \text{si } a < b < \overline{CD} : & \text{2 solutions.} \\ \text{si } b = \overline{CD} : & \text{1 solution} \\ & \text{(triangle rectangle).} \\ \text{dans les autres cas :} & \text{zéro solution.} \end{cases}$

Si A est droit, par raison de symétrie on n'obtient jamais qu'une solution ; encore faut-il que l'on ait $b < a$.

EXERCICES

1. Quel est le plus grand et le plus petit segment de droite qu'on puisse mener entre deux circonférences?

2. Si, par le point de contact de deux circonférences tangentes, on mène une droite quelconque, celle-ci coupe les deux courbes en deux autres points tels que les rayons qui y aboutissent sont parallèles.

3. Par le point de contact A de deux circonférences tangentes, on mène la corde $\overline{BAC}$. Prouver que les arcs sous-tendus ont même mesure.

4. Par le point de contact A de deux circonférences tangentes, on mène les cordes $\overline{BAC}$ et $\overline{DAE}$. Prouver que BD et CE sont parallèles.

5. Trouver sur une circonférence deux points également distants d'un point donné C situé dans son plan. Condition de possibilité du problème.

6. Deux circonférences tangentes intérieurement (ou extérieurement) restent tangentes, si, sans changer les centres, on augmente ou

diminue (diminue un rayon ou augmente l'autre) les rayons d'une même quantité.

7. Deux circonférences O et O' sont tangentes extérieurement en un point A; on mène dans l'une une corde AB, dans l'autre la corde AC perpendiculaire à AB. Démontrer que les rayons OB et O'C sont parallèles.

8. Deux cercles O et O' se coupent en A et B. On mène $\overline{AOC}$ et $\overline{AO'D}$. Prouver que CD passe par B.

9. Deux cercles O et O' se coupent en A et B. On mène la corde CBD et on joint AC et AD. Prouver que $\widehat{CAD}$ est constant.

10. Les sommets d'un triangle de côtés 3, 5, 7 sont les centres de trois cercles tangents entre eux extérieurement. Calculer les rayons de ces cercles.

11. Trouver un point d'un plan situé à une distance donnée de deux circonférences de ce plan.

12. Lieu géométrique des centres des circonférences de rayon donné passant par un point donné.

13. En ne considérant que ce qui se passe dans un plan, montrer que ces circonférences sont tangentes à une circonférence déterminée.

14. Construire un triangle connaissant un côté, la médiane correspondante et l'angle opposé à ce côté.

15. Mener à un cercle donné une tangente qui fasse un angle donné avec une droite donnée en position.

16. Deux circonférences O et O' sont tangentes extérieurement en A, on mène une tangente commune extérieure qui les touche en B, C. Démontrer que $\widehat{BAC} = 90°$.

17. Construire une circonférence tangente à une droite donnée en un point donné (géométrie plane).

18. Construire une circonférence tangente à une droite donnée 1° de rayon donné, 2° passant par un point donné.

19. Tracer une circonférence tangente à une droite donnée et à une circonférence donnée en un point donné.

20. Tracer une circonférence tangente à un cercle donné et à une droite donnée en un point donné.

21. Tracer une circonférence tangente à une circonférence donnée.

22. Tracer une circonférence tangente à une circonférence donnée en un point donné.

23. Tracer une circonférence de rayon donné tangente à une circonférence donnée.

24. Tracer une circonférence de rayon donné tangente à une circonférence donnée en un point donné.

25. Tracer une circonférence de rayon donné tangente à une circonférence donnée et passant par un point donné.

26. Tracer une circonférence tangente à deux circonférences données.

27. Tracer une circonférence de rayon donné tangente à deux circonférences données.

28. Tracer une circonférence tangente à deux circonférences données, le point de contact sur l'une des circonférences étant donné.

29. Tracer une circonférenee tangente à deux circonférences concentriques.

30. Tracer une circonférence tangente à deux circonférences concentriques et passant par un point donné.

31. Quand deux points sont extérieurs à un cercle, la droite qui les joint coupe ou ne coupe pas le cercle, suivant qu'elle est plus petite ou plus grande que la somme des tangentes issues de ce point.

32. Si deux tangentes fixes sont coupées par une tangente mobile dont le point de contact est sur le plus petit des deux arcs déterminés par les points de contact des tangentes fixes, le triangle formé par les trois tangentes a un périmètre constant.

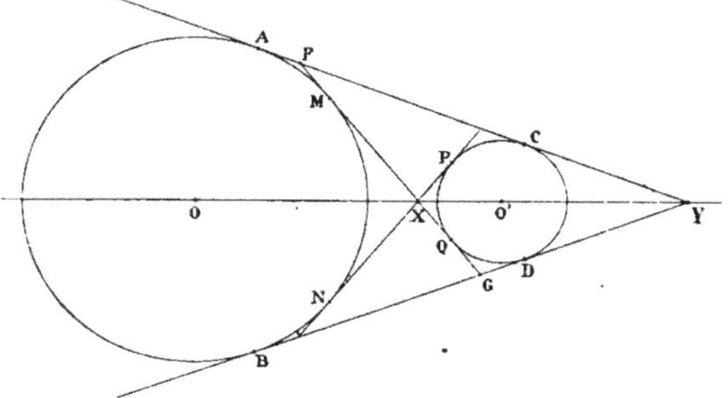

Fig. 116 *bis*.

Que devient l'énoncé lorsque la tangente mobile a son point de contact sur le plus grand des deux arcs déterminés par les tangentes fixes?

33. Le segment intercepté par deux tangentes fixes d'un cercle sur une tangente mobile et vu du centre sous un angle constant. Cas où les deux tangentes sont parallèles.

34. On donne un angle AYB et un point M (fig. 116 *bis*). Mener par M une sécante FMG telle que le triangle FYG ait un périmètre déterminé.

35. On mène à deux circonférences O et O' les tangentes communes intérieures et extérieures (fig. 116 *bis*). Prouver :

1° que X et Y se trouvent sur la ligne des centres OO'.

2° que AB est parallèle à CD et MN parallèle à PQ.

3° que AC = BD.

4° que le périmètre du triangle FGY est égal à 2 AY;

5° que $\overline{FG} = \overline{AC}$.

CHAPITRE XIII

PROPRIÉTÉS DE CERTAINS POLYGONES CONVEXES

184. — Certains polygones convexes présentent des relations entre leurs côtés, leurs angles, leurs diagonales.

ANGLES

La somme des angles de tout quadrilatère convexe est égale à 4 droits (**120**).

Les angles opposés d'un parallélogramme sont égaux (**121**).

Les angles d'un rectangle sont droits (définition).

Un parallélogramme est un rectangle, si un de ses angles est droit (**122**).

— Si un quadrilatère convexe est inscriptible, il existe entre ses angles une relation que nous allons étudier.

185. — **Théorème.** — *Pour qu'un quadrilatère convexe soit inscriptible, il faut et il suffit que deux angles opposés soient supplémentaires* (fig. 117).

1° La condition est nécessaire.

Hypothèse.

ABCD inscrit dans le cercle.

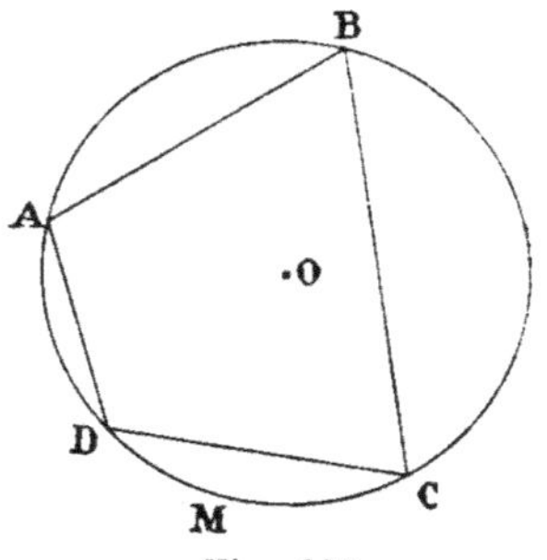

Fig. 117.

Conclusion.

$$\hat{B} + \hat{D} = \hat{A} + \hat{C} = 2 \text{ droits.}$$

En effet :

$$\text{mes. } \hat{B} = \text{mes. } \frac{\widehat{ADC}}{2}, \qquad \text{mes. } \hat{D} = \text{mes. } \frac{\widehat{ABC}}{2} \; (161).$$

d'où

$$\text{mes. } (\hat{B} + \hat{D}) = \frac{1}{2} \text{ circonférence,} \qquad \text{et} \qquad \hat{B} + \hat{D} = 2 \text{ droits.}$$

2° *La condition est suffisante* (fig. 117 *bis*).

Hypothèse.

$\hat{B} + \hat{D} = 2$ droits.

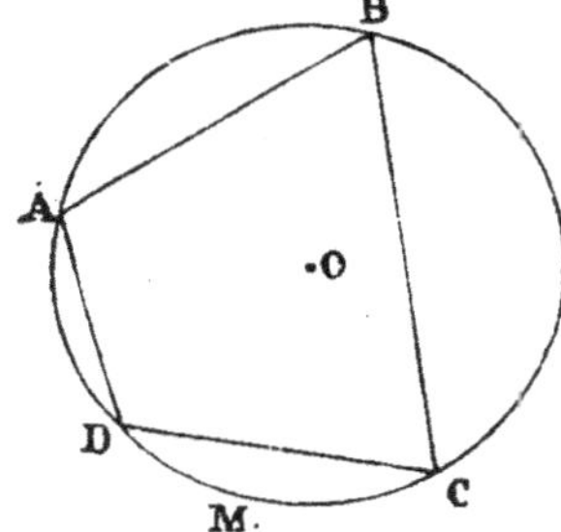

Conclusion.

ABCD inscriptible.

Fig. 117 *bis*.

Les trois points A, B, C déterminent un cercle unique. L'arc AMC, situé de l'autre côté de AC par rapport à B, est le lieu des points d'où l'on voit AC sous l'angle supplémentaire de $\hat{B}$ (**161**).

Puisque $\hat{B} + \hat{D} = 2$ droits (hypothèse), le point D se trouve forcément sur l'arc AMC.

APPLICATIONS. — I. Pour qu'un parallélogramme soit inscriptible, il faut et il suffit que ce soit un rectangle.

II. A quelles conditions un trapèze convexe est-il inscriptible?

III. Deux angles ayant leurs côtés respectivement perpendiculaires sont égaux ou supplémentaires.

CÔTÉS.

186. — Pour qu'un quadrilatère convexe soit un parallélogramme, il faut et il suffit :

1° que les côtés opposés soient égaux (**121**),

ou 2° que deux côtés opposés soient égaux et parallèles (**121**).

Les côtés d'un losange sont égaux (définition).

Un parallélogramme est un losange si deux côtés consécutifs sont égaux (**122**).

187. — **Théorème**. — *Si, par le milieu d'un côté d'un triangle, on mène la parallèle à un autre côté, cette droite passe par le milieu du troisième côté* (fig. 118).

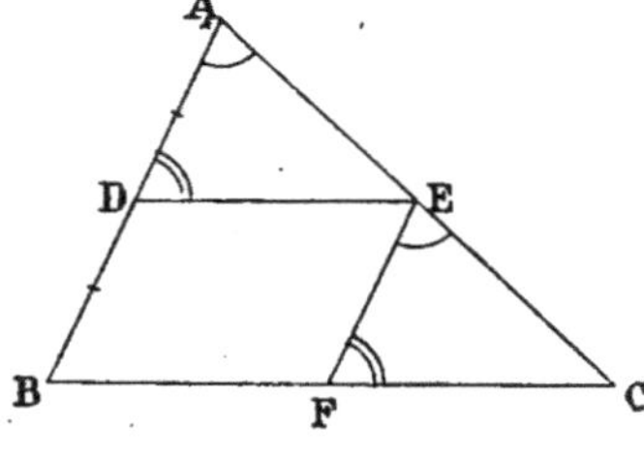

Hypothèse.

ABC triangle.
DA = DB.
DE ∥ BC.

Conclusion.

EA = EC.

Fig. 118.

Menons EF parallèle à AB.

DEFB est un parallélogramme (définition) d'où EF = BD (**124**) = DA (Hy). De plus, $\widehat{FEC} = \widehat{A}$ (**113**) et $\widehat{F} = \widehat{ADE}$ (**116**). Donc les triangles ADE et EFC sont égaux (**78**) et EA = EC.

Remarque. — La parallèle considérée est unique, le milieu E est aussi unique. On peut donc dire : *la droite qui joint les milieux des deux côtés d'un triangle est parallèle au troisième côté et égale à sa moitié.*

188. — **Théorème**. — *La droite qui joint les milieux des côtés non parallèles d'un trapèze est parallèle aux bases et égale à la demi-somme de ces bases* (fig. 119).

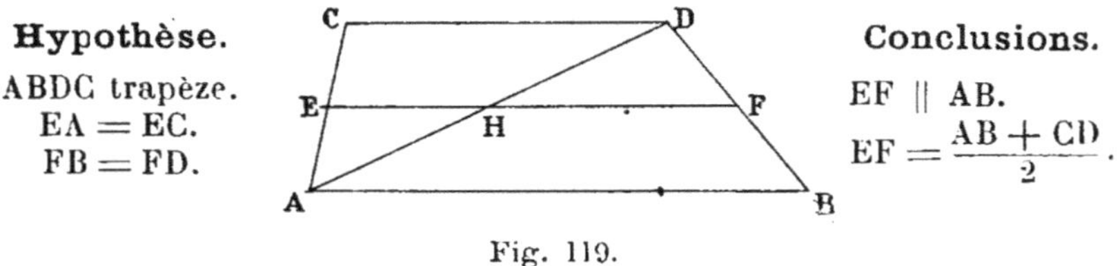

Hypothèse.

ABDC trapèze.
EA = EC.
FB = FD.

Conclusions.

EF ∥ AB.
$$EF = \frac{AB + CD}{2}.$$

Fig. 119.

Prendre le milieu H de DA, joindre HE et HF.

D'après la remarque précédente, HE est parallèle à CD et $HE = \dfrac{CD}{2}$; HF est parallèle à AB et $HF = \dfrac{AB}{2}$.

Donc
$$EH + HF = \frac{AB + CD}{2}.$$

Comme AB et CD sont parallèles, (Hy), HE est aussi parallèle à AB (**109**, corollaire).

Donc EHF *est une ligne droite parallèle à* AB (**109**).

— Si un quadrilatère convexe est circonscriptible, il existe une relation entre ses côtés. Pour la trouver se baser sur le nº **176**.

APPLICATION : Pour qu'un parallélogramme soit circonscriptible, il faut et il suffit que ce soit un losange.

DIAGONALES

A. — PARALLÉLOGRAMMES.

189. — **Théorème.** — *Les diagonales d'un parallélogramme se coupent mutuellement en deux parties égales* (fig. 120).

Hypothèse.

ABCD parallélogramme, AC et BD diagonales, qui se coupent en O.

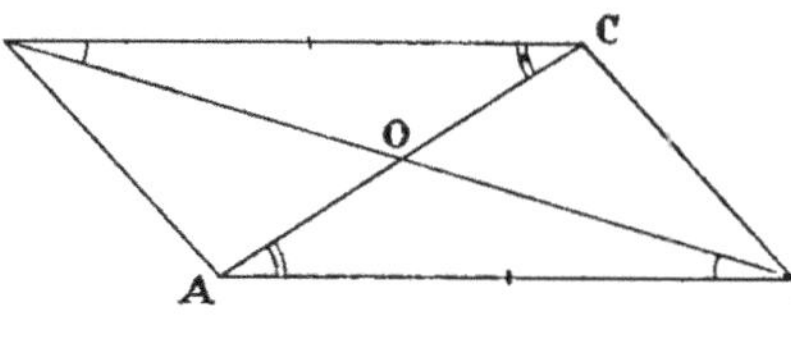

Fig. 120.

Conclusions.

$OA = OC,$
$OB = OD.$

Les triangles OAB et OCD sont égaux : $AB = CD$ (**121**), $\widehat{DCO} = \widehat{BAO}$ et $\widehat{CDO} = \widehat{ABO}$ (**113**). Donc $OA = OC$ et $OB = OD$. Le point de rencontre des diagonales d'un parallélogramme se nomme le **centre du parallélogramme**. C'est que, en effet, *toute droite passant par le centre et limitée aux côtés du parallélogramme est divisée par ce point en deux parties égales.*

190. — RÉCIPROQUE. — *Si les diagonales d'un quadrilatère se coupent mutuellement en deux parties égales, ce quadrilatère est un parallélogramme* (fig. 121).

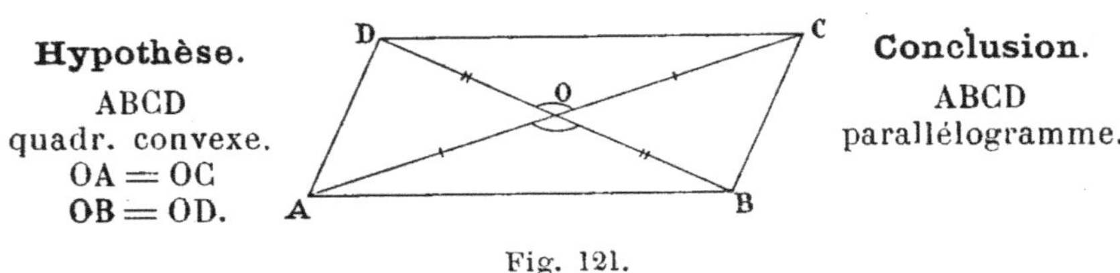

Hypothèse.

ABCD
quadr. convexe.
OA = OC
OB = OD.

Conclusion.

ABCD
parallélogramme.

Fig. 121.

Les triangles OAB et OCD sont égaux : $\widehat{DOC} = \widehat{AOB}$; $OC = OA$ et $OB = OD$ (Hy). Donc $\widehat{ODC} = \widehat{OBA}$ et DC est parallèle à AB (**114**). De même BC est parallèle à AD.

191. — APPLICATION. — *Les médianes d'un triangle se coupent en un même point, situé au tiers de chacune d'elles à partir de la base* (fig. **122**).

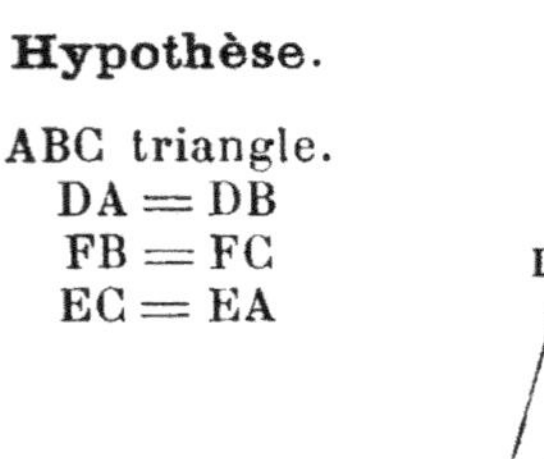

Hypothèse.

ABC triangle.
DA = DB
FB = FC
EC = EA

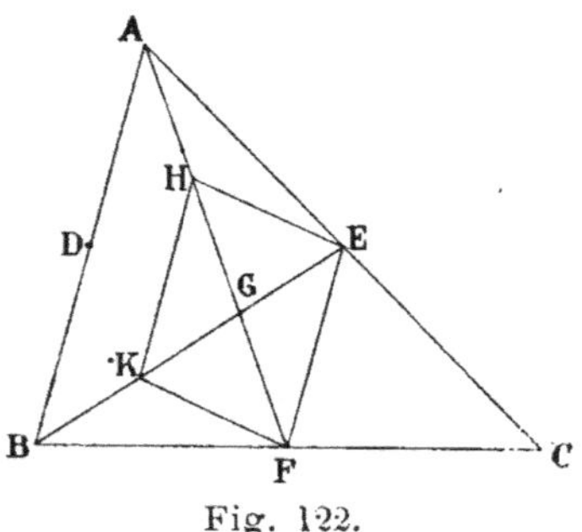

Conclusion.

AF, BE, CD
concourantes en G
tel que $GF = \dfrac{AF}{3}$.

Fig. 122.

Soit G le point de rencontre de AF et BE.

Joindre E et F et les milieux respectifs H et K de GA et GB.

Dans le triangle ABC, EF est parallèle à AB et $EF = \dfrac{AB}{2}$ (**187**).

Dans le triangle ABG, HK est parallèle à AB et $HK = \dfrac{AB}{2}$.

Donc EFKH est un parallélogramme (**121**), et GF = GH = HA, d'où $GF = \dfrac{AF}{3}$. De même $GE = \dfrac{BE}{3}$.

On démontrerait de même que le point de rencontre de CD avec AF est au tiers de AF, ce qui prouve que CD passe par G, et que ce point G est aussi au tiers de DC.

B. — RECTANGLE.

192. — **Théorème.** — *Les diagonales d'un rectangle sont égales* (fig. 123).

Hypothèse.
ABCD rectangle.
AC, BD diagonales.

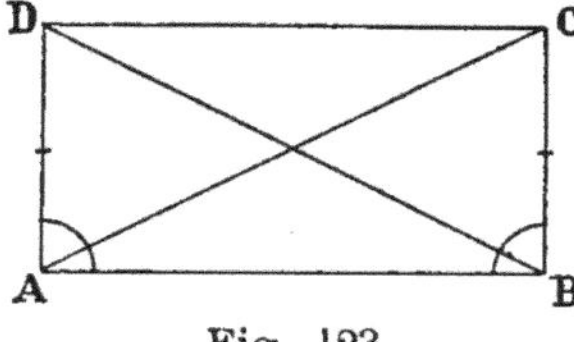

Fig. 123.

Conclusion.

$AC = BD.$

Les triangles ABC et ABD sont égaux : $\widehat{DAB} = \widehat{CBA} = 1$ droit (définition), AB commun, $AD = BC$ (**121**). Donc $AC = BD$.

193. — **Réciproque.** — *Tout parallélogramme dont les diagonales sont égales est un rectangle* (fig. 124).

Hypothèse.

ABCD
parallélogramme.
$AC = BD.$

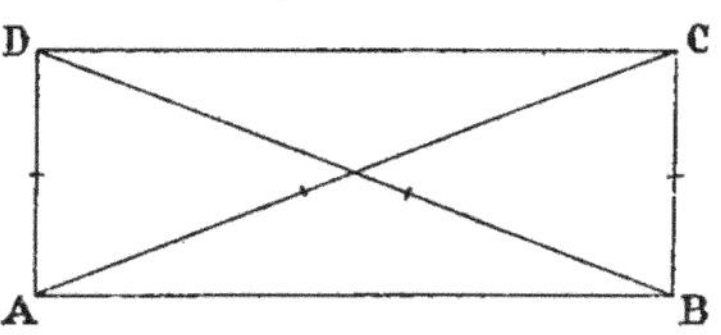

Fig. 124.

Conclusion.
ABCD rectangle.

Les triangles ABC et ABD sont égaux : AB commun, $BD = AC$ (Hy), $AD = BC$ (**121**). Donc : $\widehat{BAD} = \widehat{ABC}$.

Mais $\widehat{BAD} + \widehat{ABC} = 2$ droits, d'où $\widehat{ABC} = \widehat{BAD} = 1$ droit et la figure est un rectangle.

C. — LOSANGE

194. — **Théorème.** — *Les diagonales d'un losange sont rectangulaires* (fig. 125).

Hypothèse.

$AB = BC = CD = AD.$

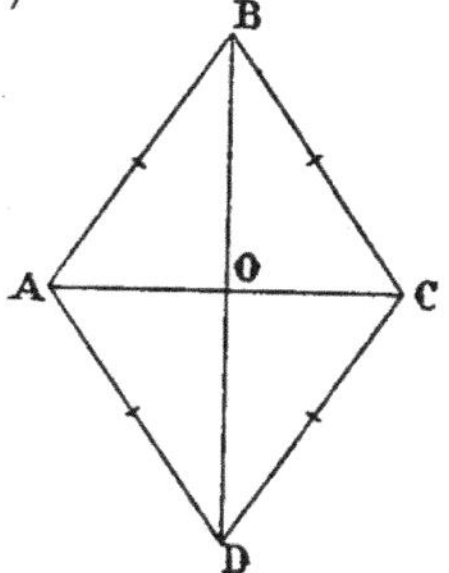

Fig. 125.

Conclusion.

$AC \perp BD.$

BD passe par le milieu O de AC (**189**). Le triangle ABC est isocèle (définition). Donc la médiane BO est hauteur (**84**).

195. — **Réciproque.** — *Tout parallélogramme dont les diagonales sont rectangulaires est un losange* (fig. 126).

Hyp othèse.

ABCD
parallélogramme.
BD ⊥ AC.

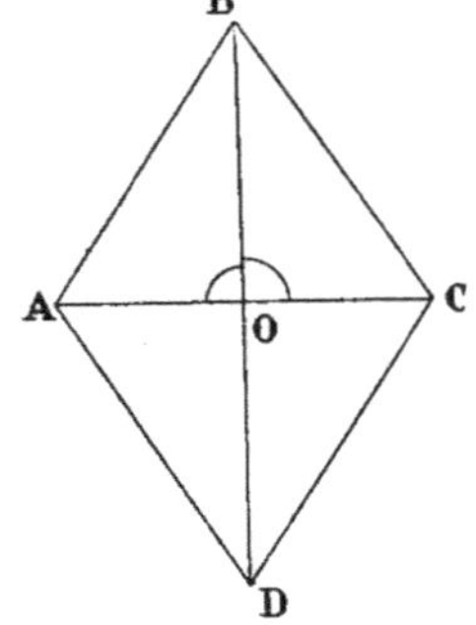

Conclusion.

ABCD losange.

Fig. 126.

En effet : OA $=$ OC (**189**). Donc BA $=$ BC (**92**) et ABCD est un losange.

D. — CARRÉ.

Un carré est une figure qui est à la fois rectangle et losange. Donc, en combinant les propositions (**192**) et (**194**), nous arriverons à cette conclusion : *pour qu'un parallélogramme soit un carré, il faut et il suffit que ses diagonales soient égales et perpendiculaires.*

196. — APPLICATIONS. — *Construction de trapèzes.*

Soient R et r les bases d'un trapèze (fig. **126** *bis*), a, b ses côtés non parallèles, α, β ses angles adjacents à la grande base, h sa hauteur, d, d' ses diagonales, $2\,p$ son périmètre. Construire ce trapèze connaissant :

1° R, r, a, α.	6° R, a, α, β.
2° R, r, α, β.	7° R, h, α, β.
3° R, r, a, b.	8° R, r, d, d'.
4° R, r, h, a.	9° R, r, d, a.
5° R, r, h, α.	10° R, r, d, h.

Examiner particulièrement ce que deviennent les énoncés précédents, quand on suppose le trapèze rectangle ($\hat{\alpha} = 90°$).

Examiner aussi les simplifications à apporter aux énoncés, quand le trapèze est isocèle, c'est-à-dire quand les côtés non parallèles sont égaux.

Remarquer que toutes les constructions précédentes se

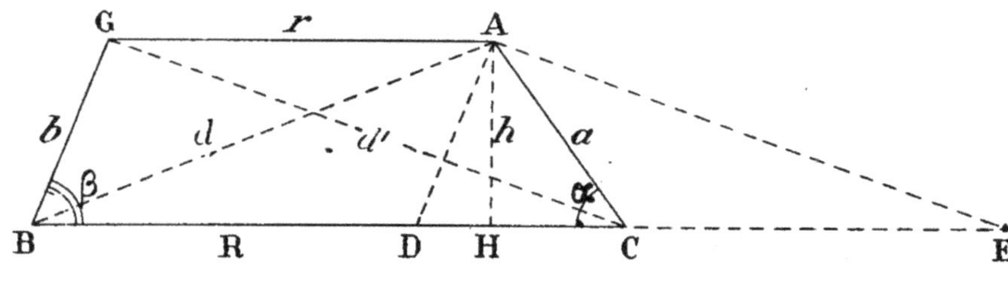

Fig. 126 *bis.*

ramènent finalement à la construction de triangles quelconques, ou isocèles, ou rectangles. En particulier, en menant par l'une des extrémités A de la petite base AG la hauteur AH du trapèze et les parallèles aux diagonales et aux côtés non parallèles, on obtient des triangles tels que ACD, AHC, ABE dont la détermination est généralement très facile.

EXERCICES

1. Les bissectrices des angles d'un quadrilatère quelconque forment un quadrilatère inscriptible. Il en est de même des bissectrices des angles extérieurs.

2. Par le milieu C d'un arc $\overset{\frown}{AB}$, on mène deux droites quelconques qui coupent la circonférence en DE et la corde AB en F et G. Démontrer que le quadrilatère DEFG est inscriptible.

3. Les sommets B et C du triangle ABC glissent sur les côtés d'un angle XOY supplémentaire de l'angle A. Lieu de A.

4. Construire un triangle, connaissant les milieux de ses côtés.

5. On donne deux droites D et D'. Par trois points consécutifs de D, A, B, C tels que AB = BC, on mène des parallèles AM, BN, CP jusqu'à leur rencontre avec D'. Montrer que BN est la moitié de la somme ou de la différence des deux autres parallèles.

6. Si des points A B et du milieu C de AB on abaisse des perpendiculaires sur une droite quelconque, la perpendiculaire abaissée du point C est égale à la demi-somme des deux premières ou à leur demi-différence, suivant que celles-ci sont de même sens ou de sens contraires.

7. Un parallélogramme articulé a un côté fixe. Trouver le lieu des milieux des côtés mobiles.

8. Par chaque point d'une circonférence, on mène une demi-droite parallèle à une direction donnée et de longueur constante. Lieu des points obtenus.

9. Lieu des milieux des droites qui joignent un point fixe aux différents points d'une circonférence.

10. Diviser une droite en trois parties égales en ne se servant que d'une règle et d'un décimètre (en employant le théorème relatif aux médianes d'un triangle).

11. Deux parallèles de distance $\overline{d}$ en coupent deux autres de distance $\overline{d}$. La figure formée est un losange.

12. Deux parallélogrammes sont égaux quand ils ont un angle égal compris entre côtés égaux chacun à chacun.

13. Sur la diagonale AC d'un parallélogramme ABCD, on prend AG = CH. Comparer BG et DH en grandeur et en direction (Assemblage à paume).

Cas où le parallélogramme est un losange, un rectangle.

14. Toute droite menée par le point d'intersection des diagonales d'un parallélogramme est divisée par ce point (*centre* du parallélogramme) et par les deux côtés opposés en deux parties égales.

15. Dans un trapèze isocèle (côtés non parallèles égaux): 1° les angles adjacents à une même base sont égaux; 2° les angles opposés sont supplémentaires; 3° les diagonales sont égales.

16. Sur deux droites xy, zt, qui se coupent en O, on porte les longueurs respectives OA = OC (sur xy) et OB = OD (sur zt). A quelles conditions le quadrilatère ABCD est-il un parallélogramme, un losange, un rectangle, un carré?

17. Les milieux des côtés d'un quadrilatère sont les sommets d'un parallélogramme. Les côtés de ce parallélogramme sont respectivement parallèles aux diagonales du quadrilatère donné et égaux aux moitiés de ces diagonales. A quelles conditions le parallélogramme est-il un losange, ou un rectangle, ou un carré?

18. La droite qui joint les milieux de deux côtés d'un triangle et la médiane relative au troisième côté se coupent respectivement en deux parties égales.

CHAPITRE XIV

POLYGONES RÉGULIERS

197. — Définitions : **Polygone régulier convexe.** — Si
une circonférence est divisée en n parties égales : 1° les cordes
qui joignent les points de division consécutifs sont égales
(**154**) ; 2° les angles du polygone convexe ainsi formés sont
égaux, puisqu'ils interceptent chacun $(n-2)$ divisions (**161**).

Le polygone ainsi obtenu est dit **régulier**, car tous ses
côtés sont égaux et tous ses angles sont égaux. Ces deux conditions (égalité des côtés et des angles) doivent être remplies simultanément pour que le polygone soit régulier. Le
rectangle ou le losange, qui ne remplissent que l'une des
deux conditions, ne sont pas des polygones réguliers. Toute-
fois, pour le triangle, une seule de ces deux conditions suffit,
parce qu'elle entraîne l'autre.

198. — **Polygone régulier étoilé.** — Joignons maintenant les points de division de p en p. Pour revenir au point de
départ, il faut parcourir une ou plusieurs circonférences entières,
c'est-à-dire un nombre de divisions multiple de n. D'autre part,
chaque corde sous-tendant p divisions, le nombre des divisions
est aussi un multiple de p. Nous serons donc revenu *pour la
première fois* au point A, quand nous aurons parcouru un
nombre de divisions égal au plus petit multiple commun des
nombres p et n.

Si d est le plus grand commun diviseur entre n et p, nous aurons
parcouru $\dfrac{np}{d}$ divisions ; le nombre des côtés du polygone sera $\dfrac{n}{d}$,
le nombre des circonférences parcourues étant $\dfrac{p}{d}$.

En particulier, si n et p sont premiers entre eux, le nombre des côtés du polygone régulier est égal à n.

Mais une corde sous-tend deux arcs : d'un côté il y a p divisions et de l'autre $n-p$. Donc, en joignant les points de division de p en p, ou de $n-p$ en $n-p$, nous obtenons le même polygone. On peut donc supposer $p < \frac{n}{2}$, et nous dirons : *Il y a autant d'espèces de polygones réguliers de* n *côtés, qu'il y a de nombres premiers avec* n *et inférieurs à* $\frac{n}{2}$. Un seul de ces polygones est convexe. Les autres sont dits *polygones réguliers étoilés*.

Exemple. — Ainsi, cherchons combien il y a de polygones réguliers de 10 côtés. Nous dirons : la moitié de 10 est 5 ; les nombres entiers inférieurs à 5 sont 1, 2, 3, 4 ; de ces nombres, 1 et 3 sont seuls premiers avec 10. Il y a donc 2 décagones réguliers, l'un convexe, l'autre étoilé obtenu en joignant les points de division de 3 en 3, la circonférence étant partagée en 10 parties égales.

Nous ne nous occuperons que des polygones réguliers de 3, 4, 5, 6, 10 côtés.

Il n'y a qu'un polygone régulier de 3 côtés (triangle équilatéral) ; qu'un polygone de 4 côtés (carré) ; deux polygones réguliers de 5 côtés (pentagones), l'un convexe, l'autre étoilé ; un polygone régulier de 6 côtés (hexagone) ; deux polygones réguliers de 10 côtés (décagone), l'un convexe, l'autre étoilé.

199. — **Ligne brisée régulière.** — Par analogie avec le polygone régulier, on dit qu'une ligne brisée non fermée est

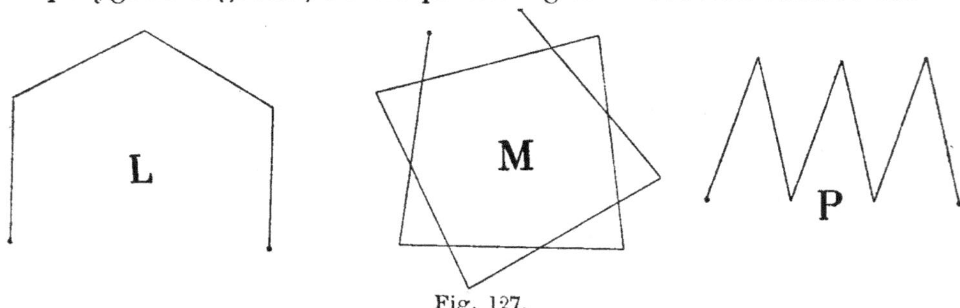

Fig. 127.

régulière si tous ses côtés sont égaux, tous ses angles égaux, et si de plus elle est telle que, de 3 côtés consécutifs quelconques, le 1er et le 3e sont du même côté du 2e.

L et M (fig. 127) sont des lignes brisées régulières, et non P.

200. — Nous venons de faire voir que la division d'une circonférence en parties égales permet de construire un polygone régulier inscrit dans cette circonférence. Inversement, un polygone régulier étant obtenu par une autre construction quelconque, peut-on faire passer une circonférence par tous ses sommets? La réponse est fournie par le théorème suivant.

201. — **Théorème.** — *Tout polygone régulier est inscriptible à une circonférence* (fig. 128).

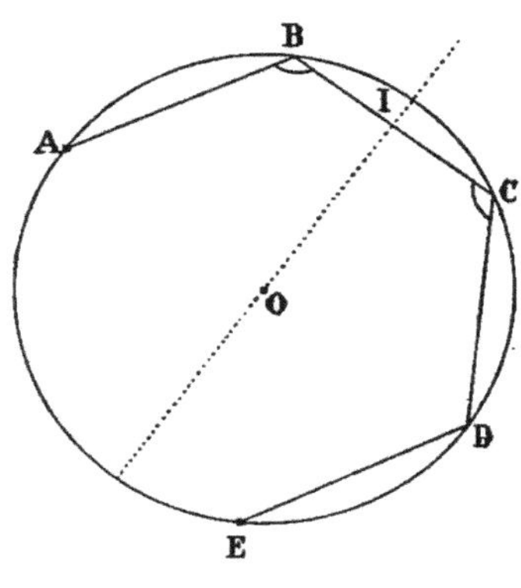
Fig. 128.

Soit O le centre du cercle qui passe par trois sommets consécutifs A, B, C. Je dis que ce cercle passe par le 4e sommet D.

Menons OI perpendiculaire à BC; on a IB = IC (**92**). Faisons tourner la figure ABIO autour de OI comme charnière, de façon à la rabattre de l'autre côté. Les angles en I étant droits et I étant le milieu de BC, B vient en C. Puisque $\widehat{C} = \widehat{B}$ (Hy), BA prend la direction CD, et comme CD = BA (Hy), A vient en D. D'où OD = OA, et la circonférence passe par D.

De même la circonférence passant par B, C, D passe par le sommet suivant E, et ainsi de suite. Le rayon de cette circonférence **circonscrite** au polygone s'appelle le **rayon** du polygone régulier.

202. — REMARQUE. — Les perpendiculaires abaissées du centre du cercle circonscrit à un polygone régulier (fig. 128) sur les côtés de ce polygone coupent les côtés en leurs milieux (**97**). De plus, le point O est équidistant de tous les côtés, car les distances OI et OH par exemple (fig. 129) sont côtés de l'angle droit de deux triangles rectangles égaux, OHC et OIC. (Même hypoténuse et CI = CH).

Donc la circonférence décrite de O comme centre avec CI

comme rayon est tangente aux côtés du polygone régulier en leurs milieux. Le rayon de cette circonférence **inscrite** s'appelle l'**apothème** du polygone régulier.

Nous avons ainsi prouvé que *tout polygone régulier peut être circonscrit à une circonférence,* et *inscrit dans une autre,* ces deux circonférences ayant le même centre, appelé **centre du polygone.**

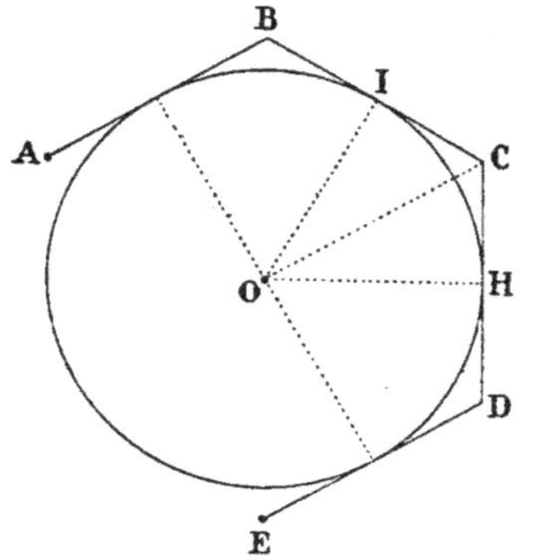

Fig. 129.

203. — Exercice. — Montrer qu'une ligne brisée, formée par des cordes successives d'une circonférence, tangentes à une circonférence concentrique, est régulière (fig. 130).

204. — **Angles des polygones réguliers convexes.** — Soit n le nombre des côtés d'un polygone régulier convexe. La somme de ses angles vaut $2(n-2)$, lorsqu'on prend pour unité d'angle l'angle droit. En degrés, elle est mesurée par $180(n-2)$.

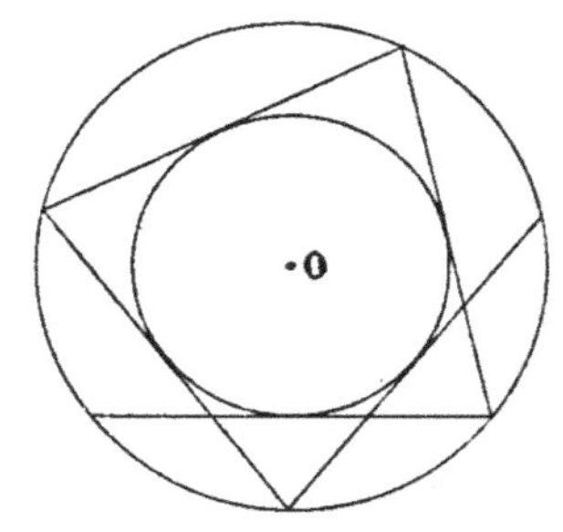

Fig. 130.

Comme tous les angles du polygone sont égaux par hypothèse, chacun d'eux vaut $\dfrac{2(n-2)}{n}$, ou $\dfrac{180(n-2)}{n}$, suivant qu'on prend pour unité l'angle droit ou sa 90e partie.

Voici les valeurs de l'angle $\hat{A} = \dfrac{2(n-2)}{n}$, rapporté à l'angle droit, d'un polygone régulier convexe de n côtés, pour des valeurs simples de n. Nous y joignons celles des angles au centre $\hat{O}$ correspondants.

Valeurs de n.	$\widehat{A}$ (en droits).	$\widehat{A}'$ (en degrés).	$\widehat{O}$.
3	$\dfrac{2}{3}$	60°	120°
4	1	90°	90°
5	$\dfrac{6}{5}$	108°	72°
6	$\dfrac{4}{3}$	120°	60°
8	$\dfrac{3}{2}$	135°	45°
10	$\dfrac{8}{5}$	144°	36°

Les nombres $\widehat{A}'$ de la 3ᵉ colonne, qui représentent les valeurs de l'angle en degrés, ont été obtenus en multipliant les nombres de la colonne $\widehat{A}$ (en droits) par 90.

CONSTRUCTION D'UN POLYGONE RÉGULIER

205. — En joignant le centre O d'un polygone régulier (fig. 128) aux sommets consécutifs du polygone, nous décomposons ce polygone en triangles isocèles égaux, tels que COB.

Nous avons OC $=$ OB $=$ R (R, rayon du polygone).

         OI $= a$ (a, apothème du polygone).

         CB $= c$ (c, côté du polygone).

Et, d'après les propriétés du triangle isocèle (**84** et **96**), l'apothème OI est en même temps bissectrice, médiane et hauteur.

Si on nous donne les éléments voulus pour construire soit le triangle isocèle COB, soit le triangle rectangle COI, nous pourrons construire le polygone. Nous allons le montrer sur les exemples suivants.

I. — *Construire un polygone régulier de* n *côtés, connaissant son rayon* R.

Dans le triangle isocèle COB (fig. 128), nous connaissons

les deux côtés égaux $OC = OB = R$ et l'angle compris $\widehat{COB} = \dfrac{4}{n}$ d'angle droit. Nous construisons ce triangle, d'où la base CB. Décrivons la circonférence de centre O, de rayon $OC = R$ et portons sur cette circonférence n cordes successives égales à CB.

II. — *Construire un polygone régulier de* n *côtés, connaissant son apothème* a.

Dans le triangle rectangle COI (fig. 129), nous connaissons le côté $OI = a$ et l'angle aigu $COI = \dfrac{4}{2n}$ d'angle droit. Nous construisons ce triangle, nous traçons la circonférence de centre O de rayon $\overline{OC}$, nous prolongeons CI jusqu'à sa rencontre B avec cette circonférence et portons $(n-1)$ cordes successives égales à CB.

III. *Construire un polygone régulier de* n *côtés connaissant son côté* c.

Dans le triangle isocèle COB, nous connaissons la base $\overline{CB}$ et les angles adjacents $\widehat{OCB} = \widehat{OBC} = \dfrac{2(n-2)}{2n}$ d'angle droit.

Nous construisons ce triangle, d'où le côté OC. Décrivons la circonférence de centre O, de rayon $\overline{OC}$ et portons sur cette circonférence $(n-1)$ cordes successives égales à CB.

206. — REMARQUES.

I. — Dans chaque cas, nous pouvons construire une infinité de polygones répondant à la question. Mais tous ces polygones sont égaux : c'est la même figure dans différentes positions, puisqu'ils sont décomposables en triangles égaux disposés de la même façon.

II. — Au lieu de donner le nombre n des côtés du polygone, on pourrait aussi bien donner soit son angle au centre $\hat{O}$, soit l'angle $\hat{A}$ du polygone, puisqu'on a les relations :

$$\hat{O} = \frac{360}{n} \qquad \hat{A} = \frac{2(n-2)}{n}$$

d'où

$$n = \frac{360}{\hat{O}} \qquad n = \frac{4}{2 - \hat{A}} :$$

$\hat{A}$ et $\hat{O}$ étant rapportés à l'angle droit.

III. — Dans chacune des constructions précédentes, nous devons construire un angle. Il faut donc se servir du rapporteur.

Il n'est possible de s'en passer que dans le cas de quelques polygones, dont les plus simples sont les suivants.

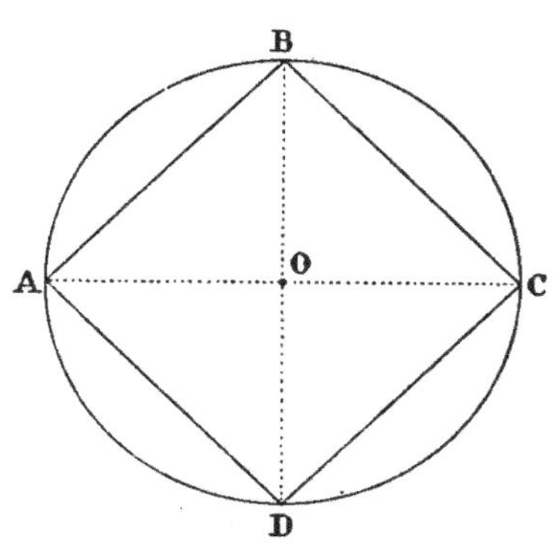

Fig. 131.

207. — **Problème.** — *Inscrire un carré dans une circonférence* (fig. 131).

Traçons deux diamètres rectangulaires. Ils divisent la circonférence en **4** arcs égaux. Donc leurs extrémités sont les sommets d'un carré inscrit A, B, C, D.

208. — **Problème.** — *Inscrire un hexagone régulier dans une circonférence* (fig. 132).

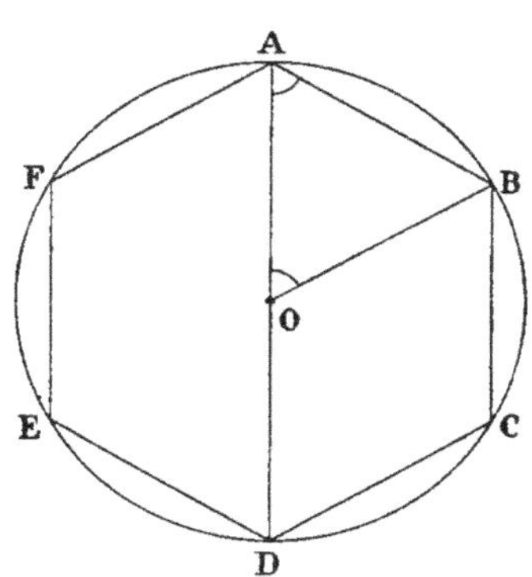

Fig. 132.

Nous allons prouver que le côté AB de l'hexagone régulier est égal au rayon du cercle circonscrit. Il faut pour cela démontrer que le triangle isocèle OAB est *équilatéral*, et pour y parvenir nous prouverons qu'il est *équiangle* (**79**).

L'angle au centre AOB a même mesure que l'arc AB; l'angle inscrit DAB a même mesure que la moitié de l'arc DCB, qui est double de l'arc AB, donc $\widehat{AOB} = \widehat{DAB}$. D'autre part, dans le triangle OAB, on a $\widehat{OAB} = \widehat{OBA}$ quel que soit le nombre des côtés du polygone. Donc, dans le cas de l'hexagone, le triangle OAB est équiangle, et par suite équilatéral.

Prenons la distance des pointes d'un compas égale au

rayon, et portons ces pointes sur la circonférence successivement; nous la divisons ainsi en 6 arcs égaux.

Si on trace les cercles qui ont ces points pour centres, on forme une rosace à 6 branches (fig. 133).

L'hexagone fournit aux tonneliers une construction du rayon du fond circulaire à tailler pour une futaille. On cherche l'ouverture de compas susceptible d'être portée 6 fois exactement comme corde sur la gorge de la rainure intérieure des douves où le bord du fond doit se loger.

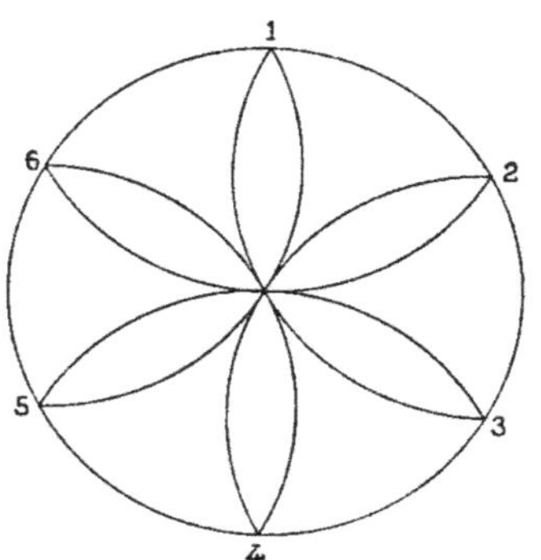

Fig. 133.

209. — **Problème**. — *Inscrire un triangle équilatéral dans une circonférence* (fig. 134).

On divise la circonférence en 6 arcs égaux, comme il vient d'être dit, et on joint les points de division de deux en deux.

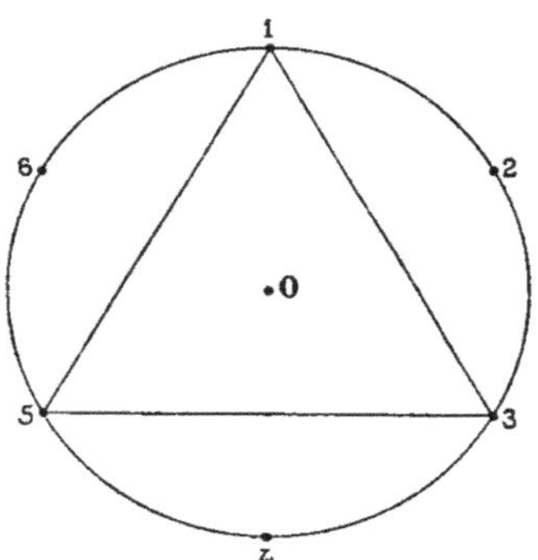

Fig. 134.

210. — **Octogones, dodécagones.** — Lorsqu'on a inscrit un polygone régulier dans une circonférence, il est aisé d'en déduire le polygone régulier inscrit d'un nombre double de côtés.

Abaissons du centre O de la circonférence la perpendiculaire sur le côté AB d'un polygone régulier inscrit (fig. 135); le point I où elle coupe l'arc AB est le milieu de cet arc (**97**), donc AI est le côté du polygone régulier inscrit dans la

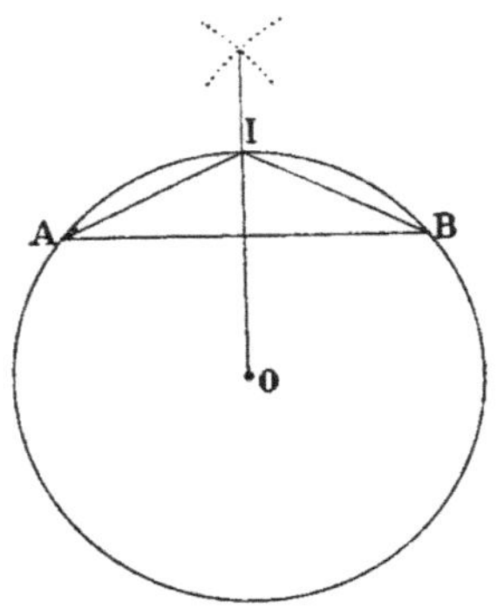

Fig. 135.

même circonférence, d'un nombre double de côtés.

C'est ainsi que l'on peut inscrire, *sans rapporteur*, un octogone convexe ou étoilé, en partant du carré inscrit. La figure 136 montre l'octogone étoilé, obtenu en joignant les points de division de 3 en 3.

Les points 1', 2', 3', etc., sont les sommets d'un octogone régulier convexe.

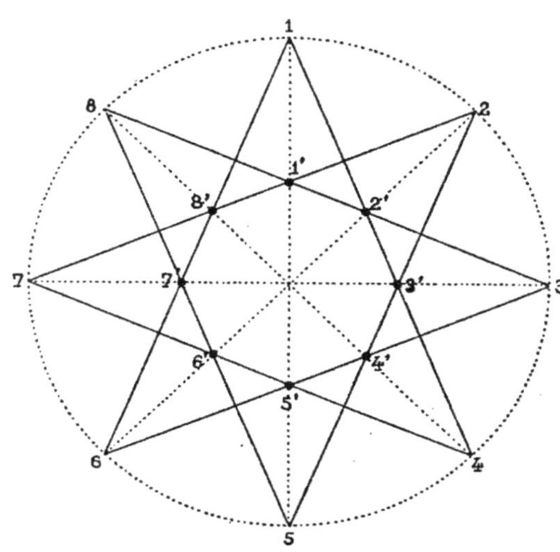

Fig. 136.

De même, en partant de l'hexagone, on construit *sans rapporteur* le dodécagone régulier (12 côtés), convexe ou étoilé. La figure 137 montre le dodécagone étoilé, obtenu en joignant les points de division de 5 en 5.

De l'octogone, on passerait de la même façon aux polygones de 16, 32, 64, 2^n côtés.

L'hexagone est le point de départ pour la construction des polygones de 3×2^n côtés.

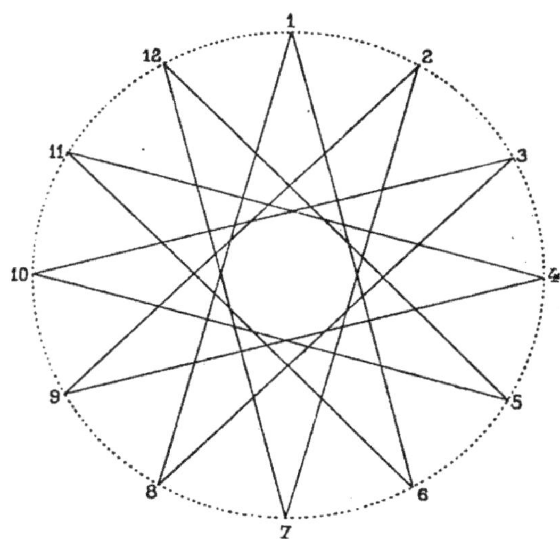

Fig. 137.

211. — **Construction d'angles.** — *Déterminer par une construction* *aussi rapide que possible, sans rapporteur, ni équerre :*

1° L'angle de 60° (fig. **138**);
2° L'angle de 30° (fig. **139**);
3° L'angle de 90° (90 = 60 + 30) (fig. **140**).

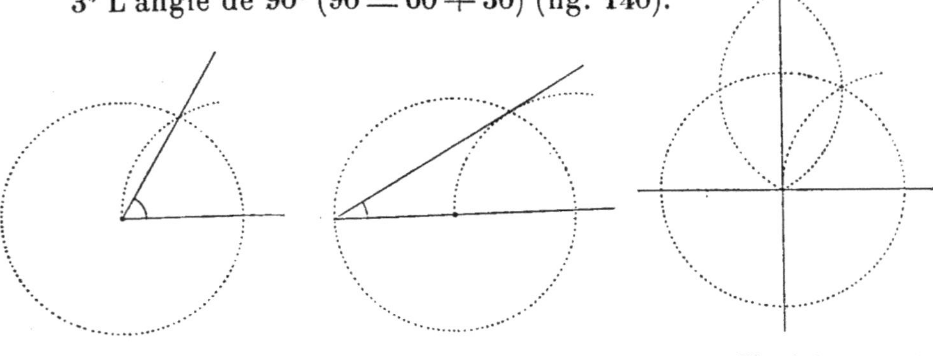

Fig. 138.   Fig. 139.   Fig. 140.

212. — **Tracé de l'équerre d'onglet.** — Une équerre

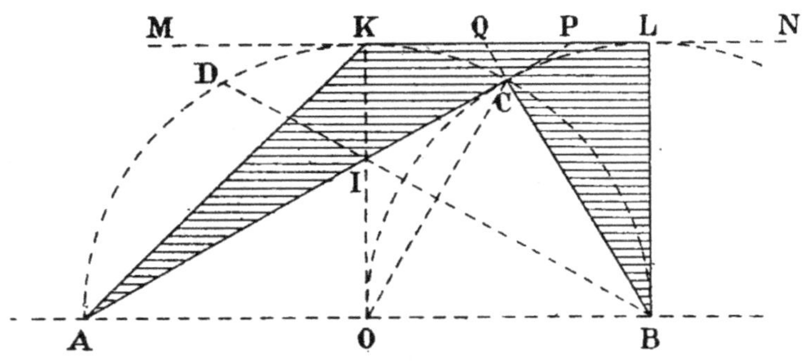

Fig. 141.

d'onglet ACBLK (fig. **141**), utilisée en menuiserie, donne les angles de 90°, 45°, 60° et 30°.

Voici la construction à faire pour obtenir le tracé de cette équerre.

Décrire la circonférence de diamètre AB = 2R, de centre O.

Décrire l'arc OCL, de centre B, de rayon BO = R, et porter CD = R, d'où :

$$\widehat{CBA} = 60° \qquad \widehat{CAB} = 30°$$
$$\widehat{ACB} = 90° \qquad \widehat{DBA} = 30°.$$

Le triangle AIB est donc isocèle, par suite OI est perpendiculaire à AB et $\widehat{KAO}$ vaut 45°.

Sur l'arc $\widehat{OCL}$, porter CL = CK d'où $\widehat{OBL}$ = 90°, car

$$\widehat{CBL} = \widehat{COK} = 30°.$$

La figure KOBL est alors un rectangle; donc KL est parallèle à AB, d'où :

$$\widehat{MKA} = 45°, \qquad \widehat{NLB} = 90°$$
$$\widehat{MPA} = 30°, \qquad \widehat{NQB} = 60°.$$

213. — **Problème.** — *Former un dallage avec un polygone régulier convexe donné.*

Tous les polygones réguliers ne se prêtent pas à cet arrangement. Nous allons prouver que *les seuls polygones utilisables sont le triangle équilatéral, le carré et l'hexagone régulier.*

Pour qu'on puisse recouvrir exactement un plan avec des polygones réguliers égaux, il faut qu'on puisse les assembler sur ce plan, autour d'un sommet commun, de façon que la somme des angles assemblés vaille 4 droits. Autrement dit, il faut que l'on puisse obtenir le nombre 4 en multipliant l'angle $A = \dfrac{2(n-2)}{n}$ par un nombre entier convenablement choisi, *au moins égal à 3* (puisque l'assemblage est fait de 3 polygones au moins).

Passons en revue les polygones réguliers considérés plus haut.

— Pour le *triangle équilatéral*, $A = \dfrac{2}{3}$. On voit que $6\,A = 4$.

Donc, on recouvre le plan en groupant 6 triangles équilatéraux autour du même sommet O (fig. 142). A ce premier groupement, on en adjoint

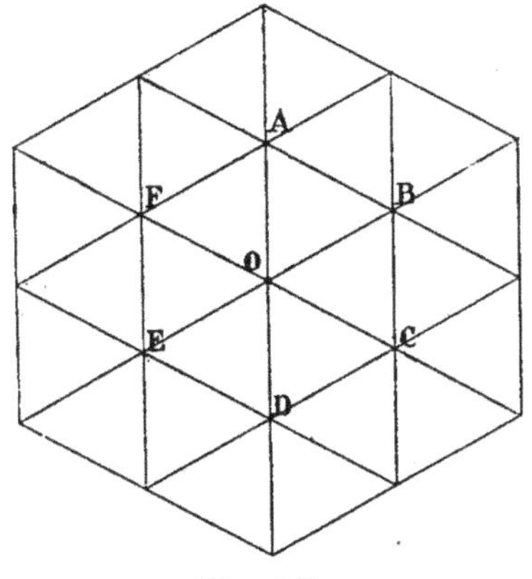

Fig. 142.

d'autres, autant qu'on veut, en remplaçant le point O par un des sommets de l'hexagone obtenu ABCDEF, et ainsi de suite.

Pour le *carré*, A $= 1$, par suite 4 A $= 4$. On recouvre le plan avec des carrés assemblés 4 à 4, ou simplement en juxtaposant les carrés. Le **damier** est formé de carrés de deux couleurs différentes (fig. 143).

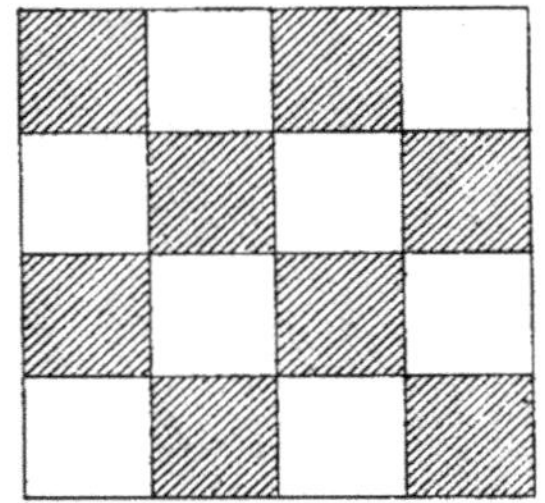

Fig. 143.

— Pour le *pentagone*, A $= \dfrac{6}{5}$. Le plus petit nombre entier par lequel on doive multiplier A pour obtenir un produit entier est 5, et ce produit vaut 6. Donc, puisqu'il n'y a pas d'entier K tel que A $\times$ K $= 4$, il est impossible de former un dallage avec des pentagones.

— Pour l'*hexagone* A $= \dfrac{4}{3}$. Par suite 3 A $= 4$.

Donc, on recouvrira le plan avec trois hexagones groupés autour de O (fig. 144). On en logera un autre dans l'angle B, et ainsi de suite.

214. — Ce sont les seuls dallages possibles *avec des polygones réguliers égaux.*

Car, l'angle A $= \dfrac{2(n-2)}{n}$ augmente quand n augmente.

Ce fait, qui apparaît dans le tableau ci-dessus (**204**) peut aussi se démontrer. Mettons l'expression de A sous la forme équiva-
A $= 2\left(1 - \dfrac{2}{n}\right)$. Lorsque n augmente, $\dfrac{2}{n}$ diminue, donc $1 - \dfrac{2}{n}$ augmente, et par suite A augmente aussi.

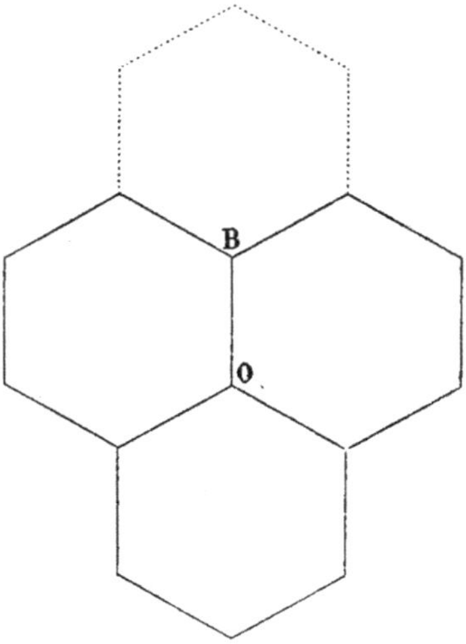

Fig. 144.

Donc, puisque trois hexagones groupés autour d'un même sommet recouvrent exactement le plan, trois polygones d'un nombre de côtés supérieur à 6 formeront autour du sommet commun une somme d'angles supérieure à 4, et par suite le troisième polygone se superposera partiellement au premier.

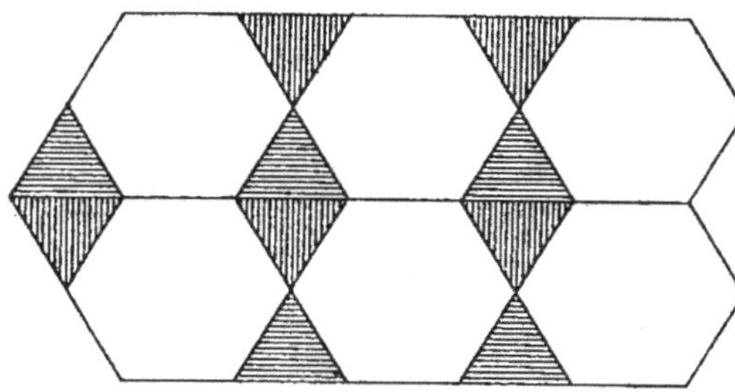

Fig. 145.

Fig. 146.

215. — Assemblages de polygones d'espèces différentes. — D'après ce qui précède, il n'y a que trois sortes de dallages possibles *avec des polygones réguliers égaux.* Mais il en existe d'autres, si on associe des polygones réguliers d'espèces différentes.

Par exemple, on peut former des rangées parallèles d'hexagones, placés de façon que les hexagones de deux rangées contiguës aient un côté commun, puis on remplit les vides avec des triangles équilatéraux (fig. 145).

On peut aussi placer les hexagones de manière que chacun d'eux n'ait qu'un sommet commun avec l'hexagone voisin de la rangée contiguë, puis on remplit

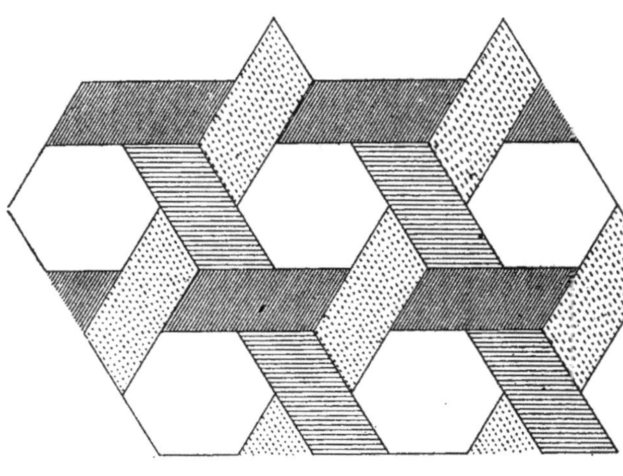

Fig. 147.

les vides avec des triangles équilatéraux (fig. 146).

Pour dessiner ces dallages et d'autres analogues, on peut commencer par dessiner un dallage de triangles équilatéraux, et supprimer dans la figure un certain nombre de lignes dans un certain ordre. Tel est encore le dallage reproduit dans la figure 147.

Enfin on peut construire un dallage en groupant autour du même sommet O un carré et deux octogones réguliers. La somme des trois angles vaut en effet $1 + \dfrac{3}{2} + \dfrac{3}{2}$, soit 4 droits (fig. 148).

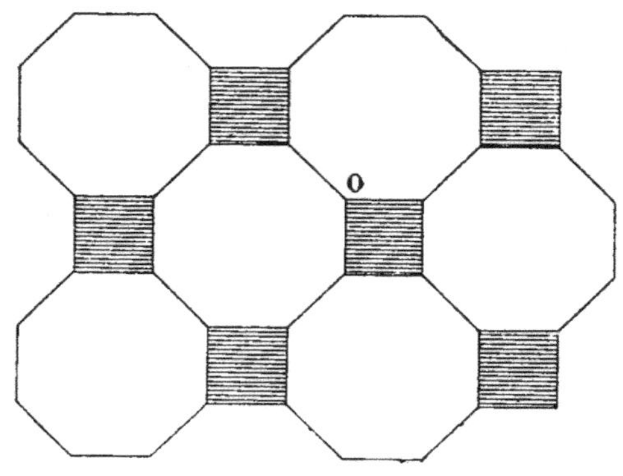

Fig. 148.

EXERCICES

1. Tracer dans un cercle donné une corde de longueur donnée.

2. Tracer dans un cercle donné une corde de longueur donnée passant par un point donné. Condition de possibilité du problème.

3. Construire un triangle équilatéral connaissant :

    1° la hauteur.

    2° le rayon du cercle inscrit.

    3° le rayon du cercle circonscrit.

4. Si, dans un triangle rectangle, un angle aigu est la moitié de l'autre, le côté opposé au premier est la moitié de l'hypoténuse.

CONCOURS DES ARTS ET MÉTIERS

1. Décrire une circonférence dont le centre soit sur une droite donnée AB, qui passe par un point C de cette droite et qui soit tangente à une autre droite donnée DE. (Concours 1877.)

2. Etant données trois circonférences égales entre elles, tracer deux circonférences qui soient en même temps tangentes aux trois premières (traiter le problème complètement). (Concours 1881.)

3. On donne un cercle O et trois points m, n, p, placés sur sa circonférence. Inscrire dans ce cercle un triangle ABC tel que les trois points donnés soient les milieux des arcs sous-tendus par les trois côtés. (Concours 1885.)

4. En un point quelconque, D, de l'hypoténuse à un triangle rectangle isocèle ABC, on élève une perpendiculaire Dx, qui rencontre aux points E et F les côtés AC et BC ou leurs prolongements.

On demande de démontrer :

1° Que le lieu géométrique du point d'intersection M des droites AF et BE est une circonférence ;

2° Que la droite joignant le point M au milieu T de la droite EF est tangente à cette circonférence. (Concours 1886.)

5. Etant données deux circonférences inégales qui se coupent, on demande de mener par l'un de leurs points d'intersection :

1° Une sécante telle que les longueurs des deux cordes résultantes soient égales entre elles ;

2° Une autre sécante telle que la somme des longueurs des deux nouvelles cordes résultantes soit la plus grande possible. (Concours 1890.)

6. Inscrire dans un cercle donné un quadrilatère dont on connaît les grandeurs de deux côtés et la somme des grandeurs des deux autres.

On distinguera deux cas, suivant que les deux côtés donnés en grandeur sont contigus ou opposés. (Concours 1892.)

7. Circonscrire à un triangle donné ABC un triangle équilatéral m, n, p.

On assujettira ce dernier triangle à avoir un côté de longueur donnée et l'on discutera les conditions de possibilité du problème. (Concours 1893.)

8. Dans un cercle donné, O, on inscrit une série de triangles, tels que ABC, ABC', ayant tous pour base une même corde, AB.

On demande de déterminer la circonférence sur laquelle sont situés les points de rencontre, tels que M, M', des hauteurs de tous ces triangles. (Concours 1894.)

9. Construire un quadrilatère inscriptible connaissant :

1° La longueur de chacune de ses diagonales ; 2° l'angle que ces deux diagonales forment entre elles ; 3° la longueur du rayon du cercle circonscrit.

Discussion du problème. (Concours 1895.)

10. On donne un cercle et deux lignes droites, Ox et Oy, passant par son centre et perpendiculaires entre elles.

Mener à ce cercle une tangente MN telle que sa partie AB comprise entre les lignes Ox et Oy ait une longueur donnée.

Discussion. (Concours 1896.)

11. Construire un triangle étant donné chacun des angles et le périmètre de ce triangle (première partie du problème. Concours 1897).

12. On donne dans un plan une droite XX' et deux points A et B. On demande :

1° De construire un triangle ACB dont le sommet C soit sur XX', les côtés AC et BC étant, de plus, également inclinés sur XX' ;

2° De construire un triangle ADB dont le sommet D soit sur XX', l'un des côtés étant deux fois plus incliné que l'autre sur XX'. On discutera les divers cas que peut présenter cette seconde construction (deux premières parties du problème. Concours 1901).

EXERCICES RÉCAPITULATIFS

1. La médiane d'un triangle est plus petite que la demi-somme des côtés qui la comprennent et plus grande que la différence entre cette demi-somme et la moitié du troisième côté.

2. La somme des médianes d'un triangle est plus grande que le demi-périmètre et plus petite que le périmètre entier.

3. Par un point donné mener une droite qui passe à égale distance de deux points donnés. (Discussion.)

4. Mener une droite passant à égale distance de trois points donnés. (Discussion.)

5. Par un point d'intersection M de deux cercles d'un plan, on mène une corde AB. Trouver le maximum de la longueur AB.

6. Comment faut-il modifier l'énoncé du problème 14, page 70, en considérant le point sur le prolongement de la base.

7. Trouver le lieu géométrique des points M tels qu'en menant les parallèles MN et MP aux côtés de l'angle $\widehat{NOP}$ on ait :

$$1° \quad MN + NP = l \text{ (longueur donnée)}$$
$$2° \quad MN - MP = l$$

Dans le 2e cas examiner ce que devient le lieu quand $l = 0$.

8. Dans un triangle équilatéral la somme des distances d'un point intérieur aux trois côtés est constante. Que devient cet énoncé quand on considère un point extérieur ?

9. Par deux points donnés mener à un même point d'une droite donnée deux droites également inclinées sur elle.

10. Trouver sur une droite donnée un point tel que la différence de ses distances à deux points donnés soit la plus petite possible.

11. Démontrer que si l'on joint trois points sur les trois côtés d'un triangle équilatéral à égale distance de chaque sommet et dans le même sens, la figure formée est encore un triangle équilatéral. Dans le cas où on prend le tiers de chaque côté, montrer que le deuxième · triangle équilatéral a ses côtés perpendiculaires à ceux du premier.

12. Soient O le centre du cercle circonscrit au triangle ABC, D le milieu de l'arc BC; démontrer que l'angle ADO est la moitié de la différence des angles B et C du triangle.

13. Par un point A d'un cercle, on mène une sécante quelconque AP et la tangente au cercle au point P, le diamètre perpendiculaire au rayon OA rencontre respectivement la sécante et la tangente aux points B, C; démontrer que BC = PC.

14. Une montre a trois aiguilles. On demande : 1° Quel est l'angle que font entre elles les aiguilles des heures et des minutes quand il

est sept heures et quart; 2° A quel moment après sept heures quinze l'aiguille des secondes partagera en deux parties égales l'angle formé par les deux autres?

15. Sur chaque rayon d'un cercle, on prend, à partir du centre, une longueur égale à la distance de l'extrémité de ce rayon à un diamètre fixe. Lieu des extrémités des segments ainsi obtenus.

16. G étant un point de l'hypoténuse du triangle ABC rectangle en A, on décrit la circonférence de diamètre AG, qui coupe AB en M et AC en N.

Prouver : 1° que $MN = AG$;

2° que la somme des distances du point G aux côtés de l'angle droit est égale à $AM + AN$.

Comment faudrait-il modifier l'énoncé si le point G est sur le pro-longement de l'hypoténuse?

17. Construire un triangle connaissant :

1° un côté et les hauteurs partant de ses extrémités;

2° deux hauteurs et le côté sur lequel l'une tombe.

18. Construire un triangle connaissant les hauteurs et les angles.

19. Par un des points d'intersection B de deux circonférences sécantes, on mène la corde fixe CD et la corde mobile EF et l'on joint EC, DF. Prouver que l'angle M formé est constant.

20. Une rivière à bords rectilignes et parallèles sépare deux villages que l'on veut réunir par un pont perpendiculaire aux rives. Où doit se trouver le pont pour que le chemin soit le plus petit possible?

21. La droite OA passe par le point fixe O, le point A parcourant la droite AB. Quel est le lieu géométrique du milieu M de OA.

22. Soit G le point de concours des médianes d'un triangle ABC et une droite quelconque passant par G. Démontrer que la somme des distances à cette droite des deux sommets qui sont d'un même côté de la droite est égale à la distance de l'autre sommet à cette droite.

23. Démontrer que la somme des distances de trois sommets d'un triangle à une droite quelconque extérieure est le triple de la dis-tance du point de concours des médianes à la même droite.

Comment faut-il modifier l'énoncé quand cette droite rencontre le périmètre du triangle?

24. Démontrer que si l'on joint quatre points pris sur les quatre côtés d'un carré, à égale distance de chaque sommet et dans le même sens, la figure formée est encore un carré.

Cas particulier : on prend les milieux des côtés, qu'arrive-t-il si la figure primitive est un rectangle ou un losange?

25. Une circonférence tourne autour d'un de ses points fixes, et on lui mène les tangentes parallèles à une direction donnée. Lieu des points de contact des tangentes.

26. Le centre du parallélogramme obtenu dans le problème 17, page 119, est le milieu de la droite qui joint les milieux des diagonales du quadrilatère donné.

27. Par un point A pris à l'intérieur d'un angle mener une droite telle que le point donné soit le milieu de la portion de cette droite interceptée entre les côtés de l'angle.

28. Soient deux carrés ABCD et DEFG contigus suivant DC et placés de part et d'autre de DC. On prend sur AG et sur le prolongement de DC deux segments AH et CK égaux à DG. Démontrer que HBKF est un carré.

29. Les bissectrices des angles d'un parallélogramme forment un rectangle. Les bissectrices des angles extérieurs forment également un rectangle. Les diagonales de ces deux rectangles sont situées sur les deux mêmes droites parallèles aux côtés du parallélogramme donné. Ces diagonales sont égales l'une à la demi-différence, l'autre à la demi-somme des côtés du parallélogramme.

Quand aura-t-on un carré?

30. Inscrire dans un rectangle un parallélogramme dont les côtés soient respectivement parallèles aux diagonales du rectangle. — Démontrer que le périmètre de ce parallélogramme est égal à la somme des diagonales du rectangle, et que les centres des deux parallélogrammes coïncident.

31. Construire un triangle, connaissant les hauteurs et les angles.

32. Construire un triangle, connaissant une des bissectrices et les angles.

33. Construire un triangle, connaissant le rayon du cercle circonscrit, un côté et une hauteur.

34. Construire un triangle, connaissant un côté, l'angle opposé et une hauteur (distinguer deux cas suivant que cette hauteur est ou non relative au côté donné.)

35. Construire un triangle, connaissant un côté, l'angle opposé et la somme ou la différence des deux autres côtés.

36. Même problème, quand l'angle donné est adjacent au côté donné.

37. Construire un triangle, connaissant un angle, une hauteur et le périmètre (deux cas).

38. Construire un triangle, connaissant :

1° deux côtés et une médiane (distinguer deux cas, suivant que la médiane donnée tombe sur l'un des côtés donnés ou est comprise entre eux);

2° un côté et deux médianes (deux cas);

3° les trois médianes.

39. Construire un triangle, connaissant un côté, une hauteur, une médiane (cinq cas).

40. Construire un triangle, connaissant un angle, une hauteur et une médiane (cinq cas).

41. Une circonférence étant donnée, l'envelopper de circonférences de même rayon que la circonférence donnée tangentes entre elles et tangentes à la circonférence donnée.

42. Les circonférences qui ont pour cordes les côtés d'un quadrilatère inscriptible donnent lieu, par leurs intersections, à un deuxième quadrilatère inscriptible.

43. Étant donné un triangle ABC, par le point fixe O, pris sur le côté BC, on mène une sécante mobile OB'C'; on fait passer un premier cercle par les points O, B, B', un second cercle par les trois points O, C, C', trouver le lieu du point d'intersection M de ces deux cercles.

44. Étant données deux circonférences O, O', on mène dans ces cir-

conférences deux rayons OA, O'B, faisant entre eux un angle constant. Trouver le lieu du milieu M de la droite AB qui joint leurs extrémités.

45. AB étant un diamètre d'une circonférence, on mène une corde variable AC, sur laquelle on prend (en la prolongeant au besoin) une longueur AM égale à la corde BC : trouver le lieu des points M.

46. Par le point d'intersection A de deux circonférences O, O', on mène une sécante variable qui rencontre la première circonférence en B, la seconde en C. Trouver le lieu du point de rencontre des rayons OB, OC. Trouver le lieu du milieu de la droite BC.

47. Soit AB la corde d'un arc de cercle ; on prend un point quelconque C sur cet arc ; sur la droite CA on porte de part et d'autre du point C des longueurs CM, CM' égales à la corde CB, lieu des points M et M' quand le point C parcourt l'arc de cercle.

48. Deux cercles se coupent au point A ; on mène par ce point une sécante fixe BAC et une sécante mobile MAN ; on mène les droites BM, CN qui se coupent en un point P : lieu du point P quand la sécante mobile MAN tourne autour du point A.

49. Dans un cercle, on considère les quadrilatères formés par une corde fixe AB et une corde mobile de longueur constante. Lieu des points de concours : 1° des diagonales ; 2° des côtés prolongés.

50. Par un point M, commun à deux circonférences O et O', on mène la sécante mobile AMB, jusqu'à sa rencontre en A et B avec les cercles correspondants. Lieu du point de rencontre P de AO et BO'.

51. On mène à la circonférence O les tangentes PA et PB issues du point P et une tangente mobile MN.

1° Prouver que l'angle MON est constant.

2° Mener à la circonférence O une tangente telle que MN soit de longueur donnée.

3° Considérer le cas où les tangentes PA et PB sont parallèles.

52. Deux circonférences étant tangentes extérieurement on joint le milieu C de la portion de tangente commune extérieure, comprise entre les deux points de contact, aux centres des deux circonférences.

Démontrer que l'angle obtenu est droit.

53. Deux tangentes d'un cercle et leur corde de contact divisent en deux parties égales la perpendiculaire menée par un point quelconque de cette dernière, à la droite qui joint ce point au centre.

54. Sur deux segments consécutifs AB, BC d'une droite, on décrit deux circonférences variables mais toujours égales entre elles. Ces circonférences se coupent au point B et en un deuxième point dont on demande le lieu.

55. Un losange a un sommet fixe. Un autre sommet décrit une droite. Lieu des autres sommets et du point de concours des diagonales.

56. Deux circonférences O et O' sont tangentes en A ; soit BC une corde de la circonférence O, tangente en D à la circonférence O' ; la droite AD est bissectrice intérieure ou extérieure de l'angle BAC.

57. Dans tout triangle rectangle, le diamètre du cercle circonscrit égale l'hypoténuse et le diamètre du cercle inscrit égale l'excès de la somme des deux autres côtés sur l'hypoténuse.

58. Deux cercles se coupent aux points A et B ; par le point A on

mène une sécante qui coupe les deux cercles respectivement aux points M et N.

Trouver : 1° le lieu des centres des cercles inscrits dans le triangle BMN ; 2° le lieu des centres des cercles exinscrits à ce triangle et à l'intérieur de $\widehat{MBN}$.

59. Par un point A intérieur à une circonférence O, on mène une sécante mobile BC et on décrit les circonférences tangentes à O et passant par A, B et A, C. Lieu de leur deuxième point de rencontre.

60. Les bissectrices des angles que l'on forme en prolongeant jusqu'à leur rencontre les côtés opposés d'un quadrilatère inscriptible sont perpendiculaires entre elles. Elles sont respectivement parallèles aux bissectrices des angles que forment entre elles les diagonales du même quadrilatère.

61. Deux cercles se coupent en un point A, par le point A on mène une sécante mobile qui rencontre respectivement les deux cercles aux points M et N. Lieu du milieu de MN.

62. On donne l'angle d'un triangle en grandeur et en position ainsi que la somme ou la différence des deux côtés qui comprennent cet angle. Trouver : 1° le lieu géométrique des centres des cercles circonscrits au triangle ; 2° le lieu des points de rencontre des hauteurs du triangle.

63. Dans un triangle ABC, la perpendiculaire au milieu du côté BC et la bissectrice de l'angle A se coupent sur le cercle circonscrit. Leur point d'intersection est à égale distance des points B, C, du centre du cercle inscrit et du centre du cercle exinscrit dans l'angle A. Théorème analogue pour la bissectrice de l'angle extérieur en A. En conclure que la somme des rayons des cercles exinscrits est égale au rayon du cercle inscrit, plus quatre fois le rayon du cercle circonscrit.

64. Soient ABC un triangle équilatéral inscrit à un cercle et M un point de l'arc BC. Montrer que $MA = MB + MC$.

65. Dans tout triangle, la circonférence qui passe par les centres des trois cercles exinscrits a son centre à l'intersection des rayons qui, dans chacun de ces cercles, vont au point de contact avec le côté correspondant ; ou encore, son centre est symétrique du centre du cercle inscrit par rapport au centre du cercle circonscrit. Son rayon est double de celui du cercle circonscrit.

66. Les milieux des côtés d'un triangle, les pieds des hauteurs et les milieux des segments compris sur chacune de celles-ci, entre le sommet dont elle est issue et le point de concours sont neuf points d'une même circonférence (*cercle des 9 points*). Le centre de cette circonférence est le milieu de la droite qui joint le point de rencontre des hauteurs du triangle donné au centre du cercle circonscrit, son rayon est la moitié du rayon du cercle circonscrit.

67. On donne un cercle et une corde fixe AB de ce cercle. Soit CD une deuxième corde mobile, mais de longueur constante.

1° Lieu du point d'intersection I des droites AC, BD.

2° Lieu du point d'intersection K des droites AD, BC.

3° Lieu des centres des cercles circonscrits aux deux triangles ICD, KCD.

Montrer que ces lieux sont respectivement égaux.

68. Démontrer que les hauteurs d'un triangle sont les bissectrices des angles du triangle formé par leurs pieds. Démontrer que les quadrilatères formés par deux côtés et deux hauteurs sont inscriptibles, et utiliser les propriétés angulaires qui en résultent.

La même méthode s'applique à un certain nombre de questions. En particulier la suivante.

69. Les pieds des perpendiculaires abaissées d'un point du cercle circonscrit à un triangle sur les trois côtés sont en ligne droite. (*Théorème de Simson.*)

Réciproquement si les pieds des perpendiculaires abaissées d'un triangle sur les trois côtés sont en ligne droite, ce point est sur le cercle circonscrit.

(Le théorème est vrai quand les droites font le même angle avec les trois côtés.)

70. On donne un cercle et sur ce cercle un point fixe P, une droite, et sur cette droite un point fixe Q. Par les points P et Q on fait passer une circonférence variable qui coupe à nouveau la circonférence donnée en R et la droite donnée en S.

Démontrer que la droite RS coupe la circonférence donnée en un point fixe.

71. Deux circonférences se coupent en A et B. Par le point A, on mène une sécante mobile qui coupe à nouveau les circonférences en C, C'. Montrer que $\overline{CC'}$ est vu du point B sous un angle constant, et que cet angle est aussi celui des rayons qui aboutissent aux points C, C'. Par le point A, on mène une deuxième sécante coupant les circonférences en D et D'. Montrer que l'angle des cordes CD, C'D' est égal au premier ou à son supplément.

Que devient cet énoncé quand les deux sécantes viennent à se confondre ?

72. Construire deux circonférences tangentes entre elles, et tengentes à une droite donnée en deux points donnés. Lieu de leurs points de contact quand ces deux circonférences varient.

PROJECTIONS

CHAPITRE I

PERPENDICULAIRE A UN PLAN

216. — **Rotation d'une équerre.** — Posons le côté AC d'une équerre ABC dans le plan P, en la faisant tourner autour du côté fixe AC (fig. 149) : le côté mobile AB, d'abord situé en AX dans le plan P, s'élève (l'angle XAB augmente), puis revient en AY dans le plan P. Nous constatons 1° que AX et AY sont en ligne droite, 2° qu'il y a une position unique AD pour laquelle les deux angles XAB, YAB sont égaux et valent

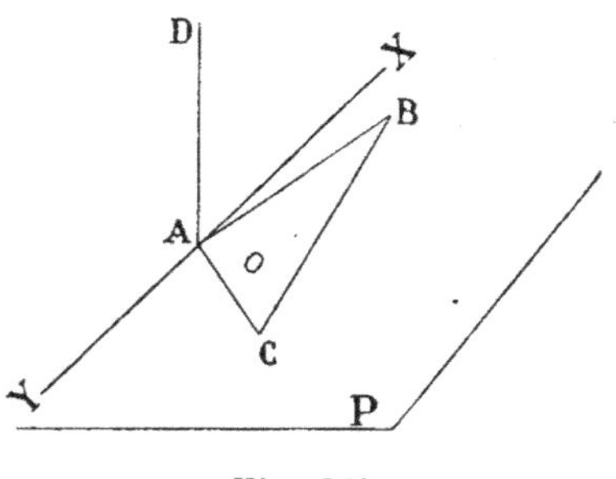

Fig. 149.

chacun un droit; 3° que suivant XY nous pouvons placer un plan tel que, *dans toutes ses positions*, la droite mobile AB se trouve dans ce plan. On dit alors que dans toutes ses positions AB *décrit un plan*.

217. — **Rotation de deux équerres.** — Prenons deux équerres ABC et A′B′C′ dont les côtés fixes AC et AC′ sont dans le plan P et dont le sommet A est commun (fig. 150) ;

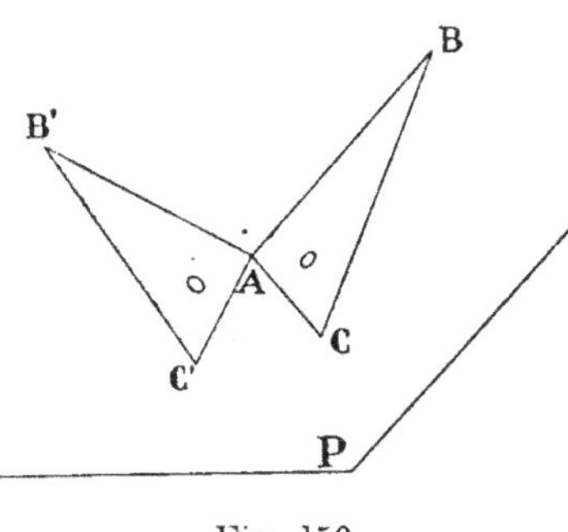

Fig. 150.

faisons tourner ces équerres l'une autour de AC, l'autre autour de AC' : nous constatons qu'il y a une position unique pour laquelle les côtés mobiles coïncident, et cette position n'est autre que la position AD déterminée dans le paragraphe précédent. Cette position AD reste la même quand on change les directions des côtés fixes des deux équerres, sans déplacer le point A.

218. — Pour réaliser plus facilement cette position, plions un rectangle de papier fort suivant AB, de façon que AE recouvre AC (fig. 151).

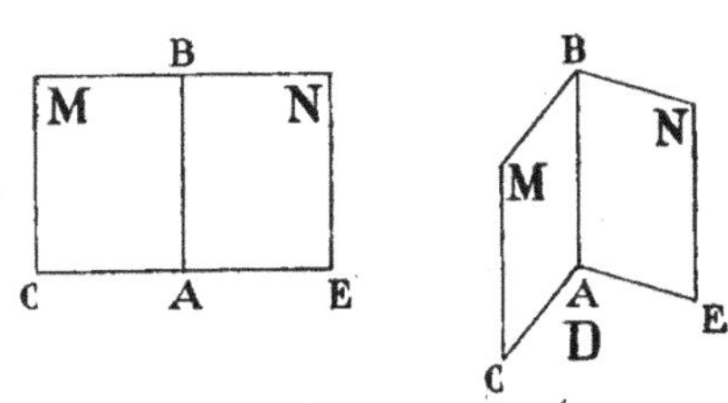

Fig. 151.

Puis ouvrons légèrement le pli de façon à obtenir le dièdre ci-contre. *Nous aurons à nous servir très souvent de ce dièdre comme d'un instrument ; par abréviation nous l'appellerons constamment le* DIÈDRE D.

En posant le dièdre D sur un plan P, nous voyons que l'arête AB du dièdre n'est autre que la droite précédemment obtenue, puisqu'elle est perpendiculaire aux deux droites AC et AE contenues dans le plan P (fig. 152).

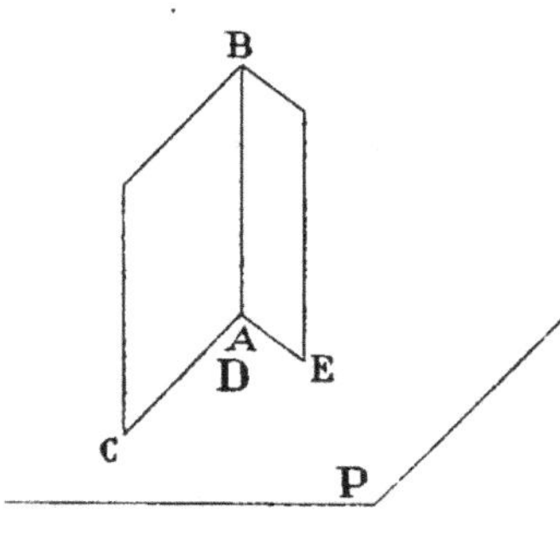

Fig. 152.

Les droites AC, AE, situées dans les faces M et N du dièdre D et perpendiculaires à l'arête de ce dièdre, forment un angle appelé **angle plan** ou **rectiligne** du dièdre D. Par définition, cet angle plan mesure ce qu'on appelle l'**angle des deux plans M et N**.

219. — **Droite perpendiculaire à un plan.** — Sur un plan P, mettons les rectilignes des deux dièdres D et D' (fig. 153). Nous constatons que les arêtes AB et A'B' arrivent à coïncider quand A' coïncide avec A. Cette coïncidence a constamment lieu lorsqu'on fait tourner un seul des rectilignes autour du point A dans le plan P.

Nous vérifions de cette manière que, si la droite AB est perpendiculaire à *deux* droites distinctes AC, AE passant par son pied A dans le plan P, elle est perpendiculaire à *toutes* les autres droites passant par son pied dans le plan P.

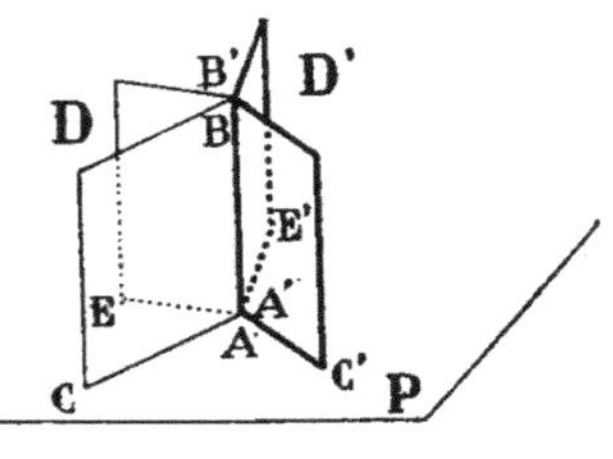

Fig. 153.

Par définition, une droite AB est **perpendiculaire à un plan** quand elle ne penche ni d'un côté ni d'un autre sur le plan, c'est-à-dire quand elle fait des angles égaux avec toute droite passant par son pied dans le plan, ou encore *quand elle est perpendiculaire à toutes les droites passant par son pied dans le plan.*

Inversement, le plan considéré est dit **perpendiculaire à la droite.**

« La nature nous offre le spectacle d'une telle perpendicularité au moyen d'un fil à plomb suspendu sur une surface parfaitement horizontale, celle d'une eau tranquille. »

(DE FREYCINET.)

Quand une droite n'est pas perpendiculaire à un plan, elle est **oblique** à ce plan, si elle coupe le plan.

220. — APPLICATIONS. — I. Sur un plan horizontal, posons le DIÈDRE D (**218**); nous constatons que son arête peut coïncider avec un fil à plomb. Elle est donc verticale.

II. — Comment feriez-vous pour reconnaître si une droite est perpendiculaire à un plan?

III. — Une verticale est-elle parallèle au plan vertical? Et une horizontale est-elle forcément perpendiculaire au plan vertical?

221. — **Mener par un point une droite perpendiculaire**

à un plan. — Nous venons de voir que, si on pose le rectiligne du DIÈDRE D (**218**) sur un plan P, l'arête AB du dièdre devient perpendiculaire au plan. Il est évident qu'on peut faire glisser dans le plan P le rectiligne du dièdre de façon que l'arête passe par un point donné, situé dans le plan P ou extérieur à ce plan. Ainsi, *d'un point on peut mener une perpendiculaire à un plan.* De plus, on démontre que cette perpendiculaire est unique. Donc : *d'un point B on peut mener une et une seule perpendiculaire BA à un plan P.*

222. — DÉFINITIONS. Le pied A de cette perpendiculaire se nomme **projection** du point B sur le plan P ; la perpendiculaire BA est la **projetante** du point B ; la distance BA du point B à sa projection A sur le plan est la **distance du point B au plan**.

EXERCICE. — Par le sommet O de l'angle droit AOB, on mène OC perpendiculaire au plan de l'angle. Montrer que les trois demi-droites obtenues sont perpendiculaires deux à deux. La figure obtenue s'appelle un **trièdre trirectangle**.

223. — **Par un point mener un plan perpendiculaire à une droite.** — Traitons ce problème, inverse du précédent.

I. Si le point donné O est sur la droite donnée *xy*, faisons glisser l'arête du DIÈDRE D(**218**) le long de *xy*. Il arrive un moment où A coïncide avec O, alors le rectiligne CAE du dièdre D détermine un plan perpendiculaire à *xy* au point O (fig. 154). Ce plan peut être déterminé autrement : dans deux demi-plans passant par *xy*, menons OM et ON perpendiculaires à *xy* ; ces deux demi-droites déterminent un plan, et ce plan est perpendiculaire à *xy* et passe par O (fig. 154 *bis*).

II. Si le point O était extérieur à *xy* (fig. 155), nous

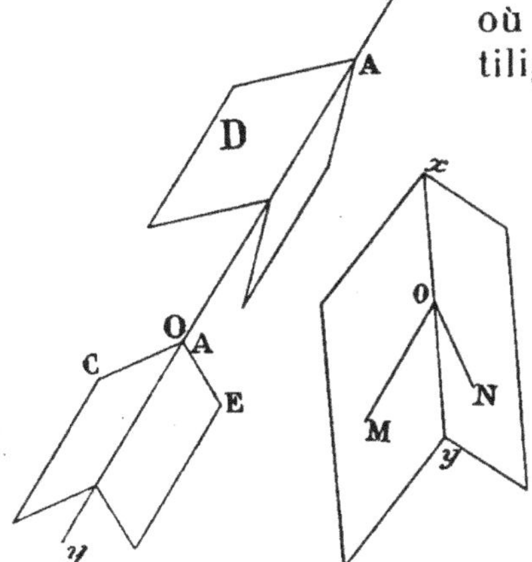

Fig. 154.   Fig. 154 *bis*.

pourrions nous servir du DIÈDRE D en le faisant glisser sur xy et tourner jusqu'à ce qu'un des côtés du rectiligne passe par O.

Nous allons procéder autrement : (fig. 155) menons OH perpendiculaire à xy, puis HM perpendiculaire à xy. Le plan OHM répond à la question.

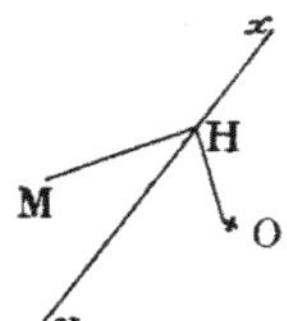

Fig. 155.

224. — REMARQUE. — Montrer qu'il y a une infinité de façons de faire les constructions précédentes. Mais elles conduisent toutes au même résultat, car on démontre que : *par un point donné on peut mener un et un seul plan perpendiculaire à une droite donnée.*

225. — **Rotation d'un angle droit.** — Nous avons dit que le côté mobile AB d'un angle droit BAC, tournant autour de l'autre côté fixe, *engendre un plan.*

Une porte nous permet de faire la même constatation. Le plancher P étant horizontal, si l'axe AC de la porte est vertical, le bas AB de la porte coïncide constamment avec P.

Si AC et P ne sont pas perpendiculaires, la porte est toujours arrêtée dans son mouvement, et cet arrêt se

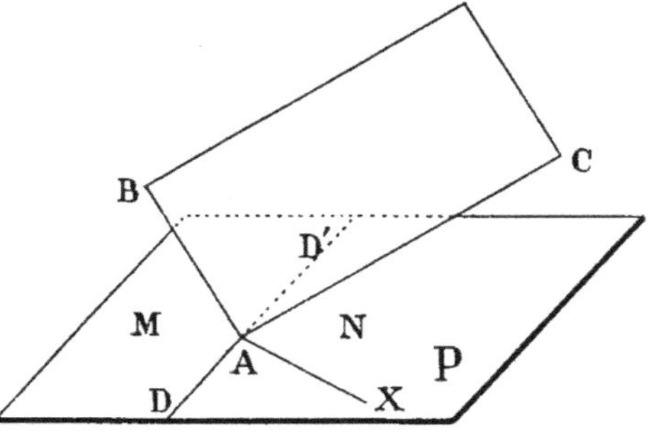

Fig. 156.

produit dans *deux* positions AD et AD' en *ligne droite* (fig. 156). Dans la région DMD', le bas de la porte est au-dessus de P ; dans la région DND', AB serait au-dessous de P. Comparer à un droit l'angle CAX, la demi-droite AX étant contenue dans P.

Ainsi, quand une droite AC est oblique à un plan P, il n'y a qu'une droite DD' passant par le pied A, contenue dans P, et perpendiculaire à AC.

226. — EXERCICE. — Sachant que AB décrit un plan, ne pouvait-on s'attendre aux résultats précédents?

227. — APPLICATIONS. — I. Déterminer à l'équerre à chapeau un plan perpendiculaire à l'arête d'un assemblage. Comment procéder suivant que le plan est assujetti à passer par un point situé : 1° sur l'arête, 2° dans une face?

II. — Un plan P est invariablement lié à un axe xy de rotation ; on fait tourner le plan autour de xy fixe, le plan semble immobile si xy est perpendiculaire à P et dans ce cas seulement. Trouver des exemples et des applications pratiques.

III. — Un plan P tourne sur lui-même autour d'un de ses points fixes O. Pour qu'une demi droite issue de O paraisse immobile, il faut et il suffit qu'elle soit perpendiculaire à P.

IV. — Donner un procédé pratique pour déterminer l'angle que forment deux plans : 1° quand on peut scier l'objet à sa guise, 2° quand on doit laisser l'objet intact.

CHAPITRE II

DROITES ET PLANS PARALLÈLES

228. — **Droite parallèle à un plan.** — Par deux points
AB d'un plan Q (fig. 157) menons deux droites parallèles
AM. BN, sur lesquelles nous portons *dans le même sens*, deux
longueurs *égales* AM et
BN. La droite MN ne
rencontre pas le plan,
si loin qu'on la prolon-
ge : elle est dite **pa-
rallèle au plan.** (Re-
marquer qu'elle est en
particulier parallèle à
AB.)

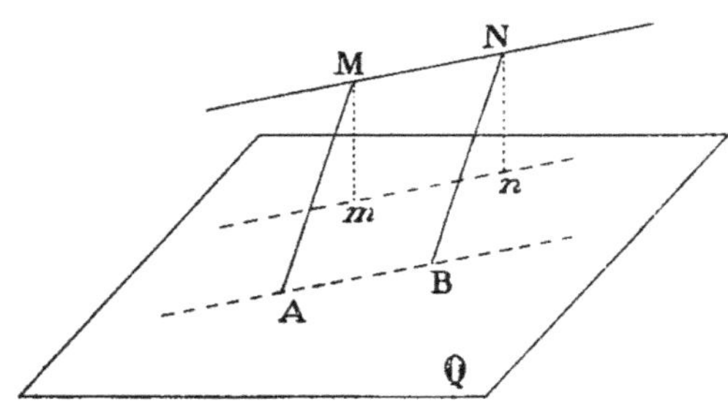

Fig. 157.

229. — EXERCICES.
— I. Combien peut-on par ce procédé mener de parallèles
à Q?

II. — La construction est-elle applicable quand on remplace le plan par une droite?

III. — Qu'arriverait-il si on portait AM = BN en sens
contraire?

230. — Menons les projetantes Mm, Nn, etc. (fig. 157) des
divers points de la parallèle MN au plan Q; nous constatons
1° que tous les points de MN sont équidistants de Q, 2° que
l'ensemble des projections des points de MN forme une droite
parallèle à AB. La longueur commune Mm s'appelle la
distance de la droite au plan. Nous pourrions faire la constatation avec le trusquin. Pour cela il suffit de faire reposer

le plan Q sur le marbre, puis d'ajuster le trusquin de façon que sa pointe coïncide avec le point M. On constate alors, en faisant glisser le trusquin, que sa pointe peut coïncider constamment avec la droite MN.

231. — APPLICATIONS. — I. Comment faut-il s'y prendre pour tracer au trusquin, dans un plan donné, une droite parallèle à un plan donné et située à une distance donnée de ce plan?

II. — Combien par un point M peut-on tracer de droites parallèles à un plan?

232. — **Plans parallèles**. — Répéter textuellement tout ce qui précède, mais en prenant dans le plan Q *trois* points

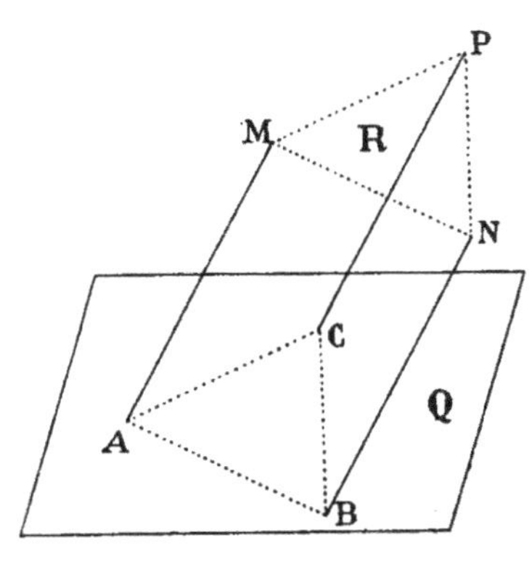

Fig. 158.

A, B, C, *non en ligne droite* (fig. 158). Le plan R déterminé par les trois points M, N, P est dit **parallèle au plan Q**.

EXERCICES. — I. — Combien y a-t-il de plans parallèles à un plan donné Q?

II. — Combien y a-t-il de plans parallèles à un plan donné et passant par un point donné?

APPLICATIONS. — Constater :
1° que si deux droites concourantes MN, MP d'un plan R sont parallèles à un plan Q, le plan R est parallèle au plan Q.

2° Que le triangle MNP (fig. 158) obtenu par la construction ci-dessus est *égal* au triangle ABC. Il en serait de même si l'on avait, au lieu de triangles, des figures planes quelconques.

233. — Si nous menons les projetantes Mm des divers points M du plan R, nous constatons qu'elles sont toutes égales, ce qu'on exprime en disant que *deux plans parallèles sont partout équidistants*. La longueur commune des projetantes s'appelle **la distance des deux plans parallèles**.

234. — APPLICATIONS. — I. On pose une face plane d'un solide sur le marbre et l'on promène le trusquin tout autour du solide. La ligne obtenue est-elle plane? Quelle est la distance de son plan au marbre?

II. — Mener au trusquin un plan parallèle à un plan donné et situé à une distance donnée de ce plan.

235. — PROBLÈME PRATIQUE. — *On donne deux plans parallèles* (fig. 159) M, N *et un point* A *dans l'un d'eux,* M. *Déterminer sur* N *le point* B *tel que* AB *soit perpendiculaire aux deux plans.* (On est conduit à ce problème quand on veut construire un solide géométrique avec

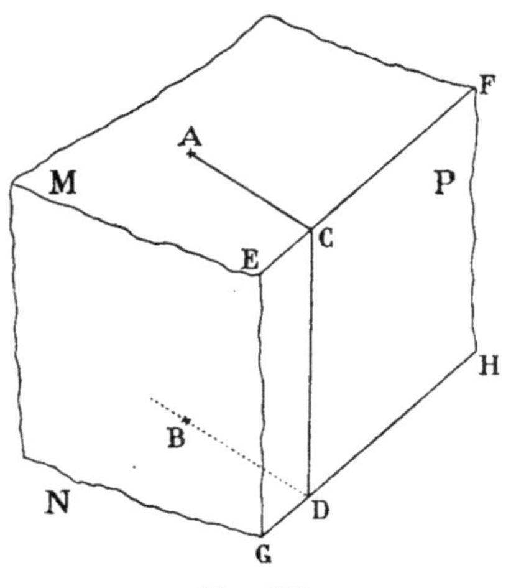

Fig. 159.

quelque précision.) Déterminons une face plane P, perpendiculaire aux plans M, N; puis dans les plans M, P, N traçons successivement AC $\perp$ EF, CD $\perp$ EF, DB $\perp$ GH. Si on porte DB = CA, le point B répond à la question.

CHAPITRE III

PROJECTION D'UNE DROITE
SUR UN PLAN

236. — Définition. — On appelle **projection d'une figure** l'ensemble des projections des divers points de la figure. Donc, pour obtenir la projection d'une droite $\overline{AB}$ sur un plan P, il faut projeter sur P chacun des points de $\overline{AB}$.

237. — **Projection d'une droite $\overline{AB}$ sur le plan P.** — Amenons en A (fig. 160) l'arête du dièdre D (**218**). Nous obtenons la projection a du point A. Répétons la construction pour chaque point de AB. (Il suffit de faire glisser le dièdre D) et nous constatons que les projections des divers

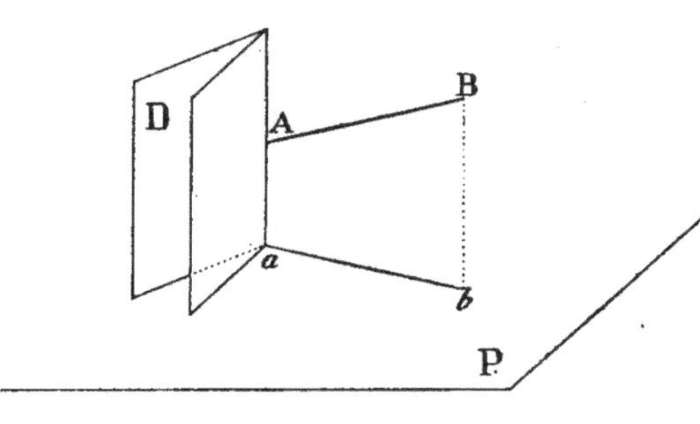

Fig. 160.

points de AB sont en ligne droite. Ainsi la *projection d'un segment de droite $\overline{AB}$ sur un plan P est un segment de droite ab ayant pour extrémités les projections des extrémités de $\overline{AB}$.*

238. — Conséquence. — Pour obtenir la projection d'un segment AB, *il suffit* de déterminer les projections a, b de ses extrémités et de tracer le segment rectiligne $\overline{ab}$ limité à ces projections.

239. — REMARQUE. — En plaçant le DIÈDRE D (**218**) de façon que *l'une de ses faces* M *coincide avec* AB, ce qui est toujours possible, nous constatons que la droite $\overline{ab}$ est justement sur l'intersection xy de la face M et du plan P (fig. 161). Les projetantes des divers points de $\overline{AB}$ sont donc contenues dans le plan M qui s'appelle **le plan projetant la droite AB**. La projection de $\overline{AB}$ sur le plan P se confond donc avec la projection de $\overline{AB}$ sur la droite xy.

240. — **Grandeur de la projection d'un segment.** — La figure 161 montre nettement : 1° que la projection d'un segment est généralement plus petite que le segment lui-même ; 2° que la grandeur de la projection dépend de l'orientation du segment ; 3° qu'elle est nulle quand le segment est perpendiculaire au plan P ; 4° qu'elle est au plus égale au segment, cette égalité n'ayant lieu que dans le cas où le segment est parallèle au plan P.

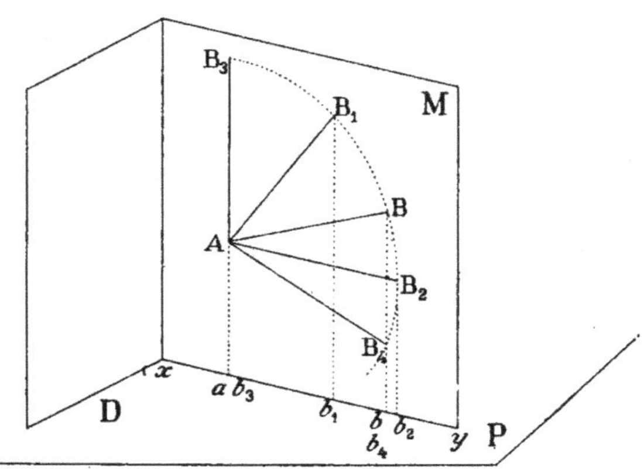

Fig. 161.

241. — CAS PARTICULIERS. — I. Si le segment AB a l'une de ses extrémités A dans le plan P

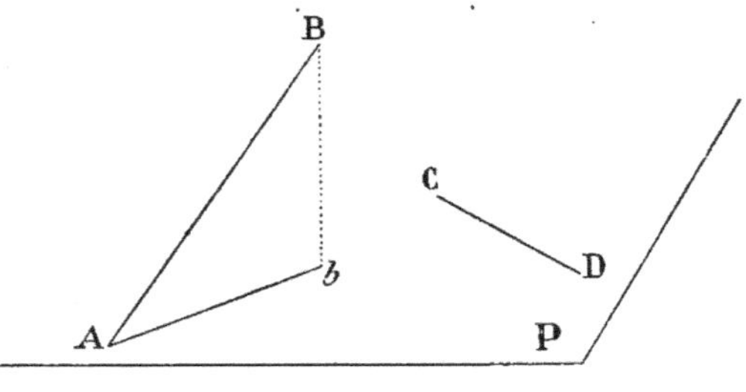

Fig. 162.

(fig. 162), il suffit de joindre ce point A à la projection b de l'autre extrémité B pour avoir la projection du segment AB.

II. — Si le segment CD (fig. 162) est contenu dans le plan P, sa projection se confond avec CD.

242. — **Combien y a-t-il de plans projetant un segment rectiligne?** — Généralement il n'existe qu'*un* plan projetant un segment rectiligne AB. Mais quand AB est perpendiculaire au plan P (fig. 163), on constate que, la coïncidence de la face M du DIÈDRE D avec AB étant établie, elle subsiste pour une infinité de positions du dièdre D.

[Revoir le paragraphe **219.**]

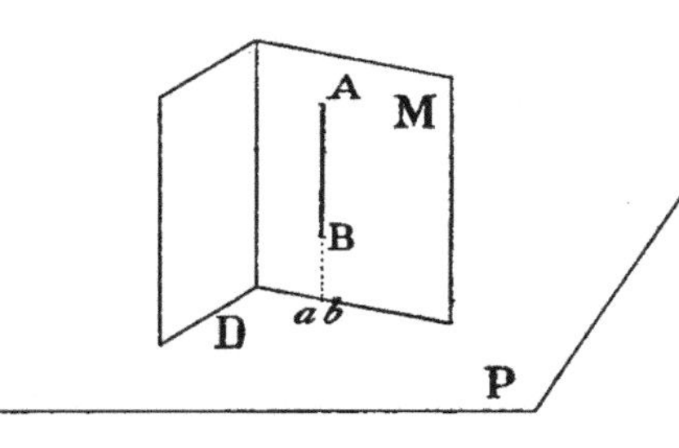

Fig. 163.

Quand une droite est perpendiculaire à un plan, il existe une infinité de plans projetant la droite et tous les points de la droite se projettent au même point; quand la droite est oblique ou parallèle, il n'y a qu'un plan projetant, et la projection est une droite.

243. — **Plans perpendiculaires.** — Nous avons défini ce qu'il faut entendre par là [paragraphe **44**].

Réalisons plusieurs dièdres *dont les rectilignes sont des angles droits* (Expliquer comment on y parvient en s'aidant d'une équerre).

Nous pouvons constater :

1° qu'ils sont égaux (on peut les superposer exactement) et que leur superposition peut se faire en superposant d'abord les angles plans. Ce qui nous montre (car ceci est généralisable) que deux dièdres sont égaux quand leurs angles plans sont égaux.

2° que, lorsqu'on rend adjacents deux d'entre eux, les *faces extérieures sont dans le même plan*. Donc, quand le rectiligne d'un dièdre est droit, les faces du dièdre sont perpendiculaires. La proposition contraire est vraie : L'angle plan d'un dièdre qui n'est pas droit n'est pas un angle droit. En effet, prenons un tel dièdre et une équerre dont nous cherchons à faire coïncider *les deux* côtés avec les deux faces du dièdre (fig. 164); quand cette coïncidence existe (et elle est possible d'une infinité de manières), indiquons

au crayon les positions $\overline{ab}$, $\overline{ac}$ des deux côtés de l'équerre.
Nous constatons que ab et ac ne sont jamais perpendicu-
laires à l'arête xy du dièdre; donc $\widehat{cab}$ n'est jamais le rectiligne du dièdre considéré. Le rectiligne de ce dièdre n'est
donc certainement pas droit.

Avec un dièdre droit, nous pouvons constater (par super-

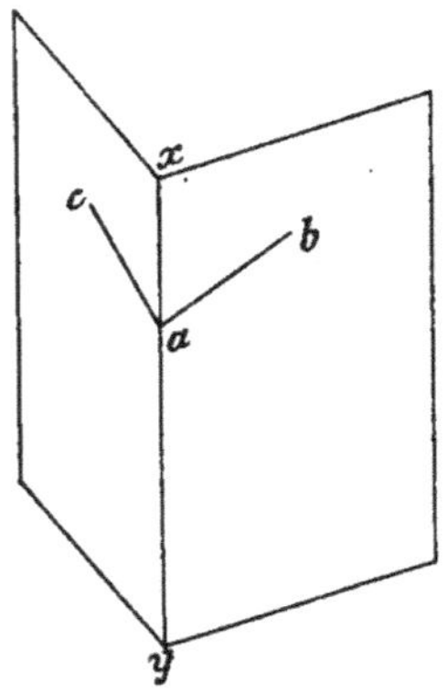

Fig. 164.

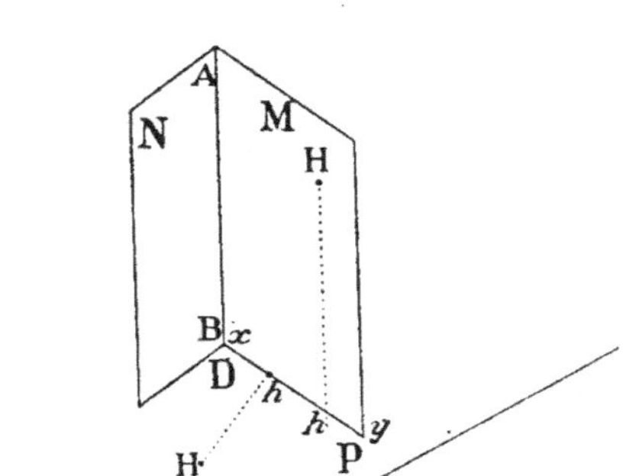

Fig. 165.

position) que les deux faces du DIÈDRE D sont perpendiculaires au plan P (fig. 165) sur lequel ce dièdre repose. Donc :
1° Le plan projetant une droite est perpendiculaire au plan
de projection ; 2° si une droite AB est perpendiculaire à un
plan P, tout plan M passant par AB est perpendiculaire au
plan P.

3° Quand un plan P est perpendiculaire à deux plans M
et N, il est perpendiculaire à leur intersection AB.

4° Quand deux plans M et P sont perpendiculaires, la
projetante Hh d'un point H de l'un est tout entière située
dans l'autre et elle est perpendiculaire à l'intersection xy
des deux plans.

APPLICATIONS. — I. On veut se rendre compte avec une
équerre (équerre de menuisier) que les deux faces d'un
assemblage sont perpendiculaires. Peut-on placer l'équerre
n'importe comment? Quelles positions peut-on lui donner?

II. — Que faut-il faire pour savoir si un angle dièdre
vaut 60°?

9.

CHAPITRE IV

PROJECTION DE DEUX DROITES
SUR UN PLAN

244. — Nous n'examinerons que les quatre cas suivants :

I. — Les deux segments rectilignes sont parallèles : alors leurs projections sont généralement deux segments rectilignes, dont les longueurs sont proportionnelles aux longueurs des segments eux-mêmes. En particulier, deux segments égaux et parallèles ont des projections égales et parallèles.

II. — Deux segments concourants se projettent généralement suivant deux segments concourants.

III. — Un angle droit dont un côté est parallèle au plan de projection se projette généralement suivant un angle droit.

IV. — Le milieu C d'un segment rectiligne AB se projette au milieu c de $\overline{ab}$, car AC et CB peuvent être considérés comme deux segments égaux et parallèles.

245. — Exercices. — I. Quand les projections de deux segments parallèles se font-elles sur la même droite?

II. — Un parallélogramme a généralement pour projection un parallélogramme. — Exception?

III. — Un rectangle dont un côté est parallèle au plan de projection a généralement pour projection un rectangle. — Exception?

CHAPITRE V

PROJECTIONS D'UNE DROITE SUR LES FACES D'UN DIÈDRE DROIT

246. — Considérons un dièdre droit dont l'une des faces H est *horizontale* et l'autre V par suite *verticale* (fig. 166); l'arête xy du dièdre est alors horizontale. Nous appelons H **le plan horizontal**, V le **plan vertical** et xy **la ligne de terre**.

Dans le plan vertical, fixons en B une tige rectiligne BCA. Le segment AB a pour projection sur H le segment rectiligne ab, et le point b se trouve sur xy, puisque H est perpendiculaire à V (**243**).

Sur V, la projection de B est B, puisque B est dans V.

Ainsi, un segment de droite $\overline{AC}$ a deux projections : sa **projection hori-**

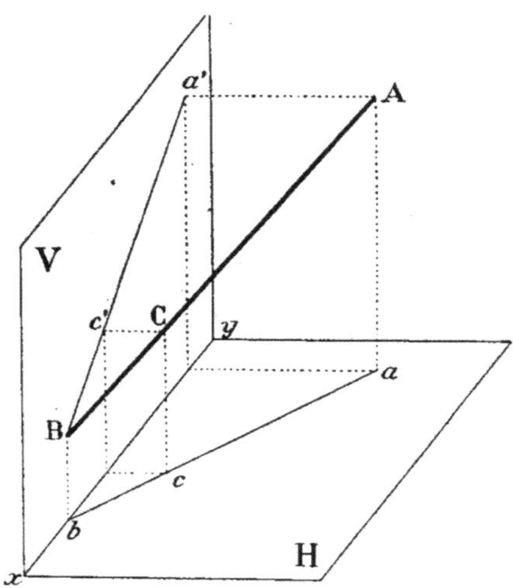

Fig. 166.

zontale ac (celle qui se fait sur le plan horizontal H) et sa **projection verticale** $a'c'$ (celle qui se fait sur le plan vertical V). En changeant l'orientation de la tige AB, nous constatons que les projections ac et $a'c'$ changent de grandeur et de direction.

En particulier :

247. — I. Si AB est $\perp$ H (fig. 167) la projection horizontale de AC est un point ; sa projection verticale $a'c'$ est perpendiculaire à la ligne de terre, et égale à AC.

(Trouver ce qui se passe quand AC est perpendiculaire à V.)

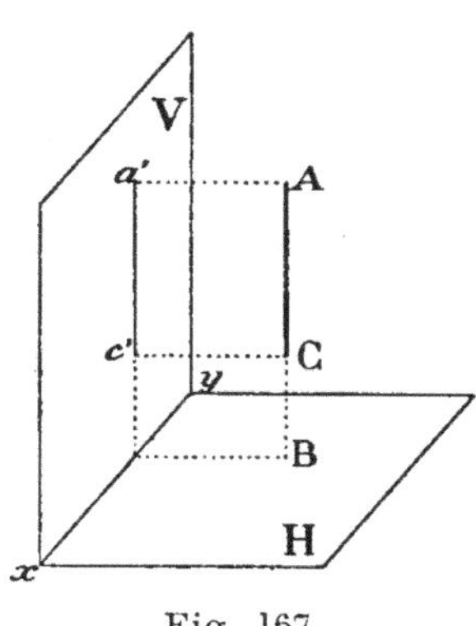

Fig. 167.

248. — II. Si AC est parallèle à V, sa projection horizontale ac est parallèle à xy ; sa projection verticale $a'c'$ est égale et parallèle à AC (fig. 168).

(Trouver ce qui se passe quand AC est parallèle à H.)

249. — III. Si AC est parallèle à H et à V (fig. 169), c'est-à-dire si AC est parallèle à xy, les deux projections sont égales

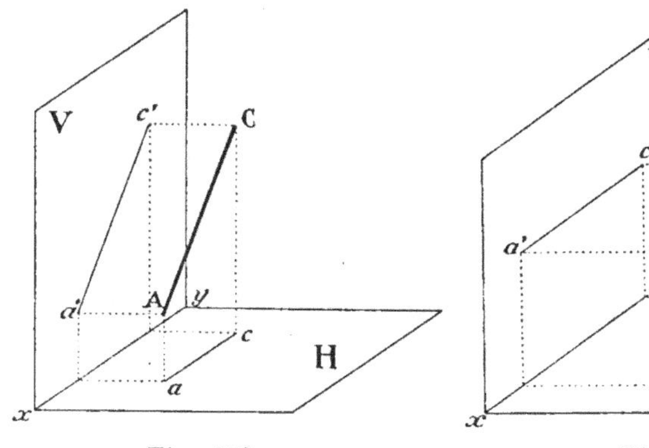

Fig. 168.

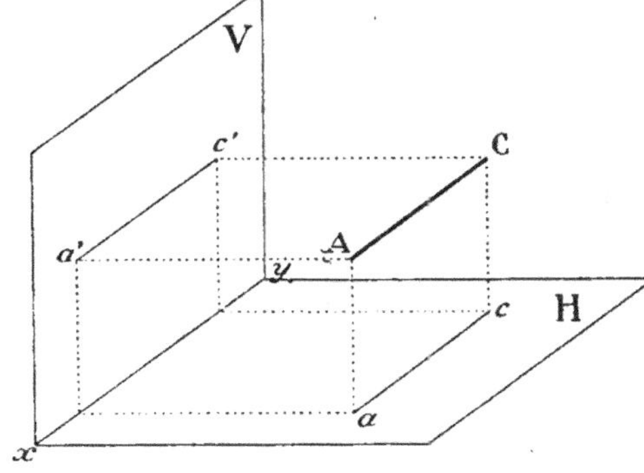

Fig. 169.

et parallèles à AC. (Il n'y a en effet qu'à appliquer ce qui précède aux deux plans.)

250. — PROBLÈME INVERSE. *Déterminer une droite* AC *connaissant ses deux projections* ac *et* $a'c'$.

AC se trouve dans le plan perpendiculaire à H passant par ac (mettre ce plan en évidence au moyen du **dièdre** D) ; AC se trouve aussi dans le plan perpendiculaire à V passant par $a'c'$ (montrer ce plan). Devant se trouver à la fois dans ces deux plans, AC se trouve à leur intersection. On pourrait faire de même pour un point.

251. — EXERCICE. — Qu'arriverait-il si, pour traiter le problème inverse, on ne donnait qu'*une* projection ?

252. — Il suffit donc de connaître les projections horizontales et les projections verticales des points d'une figure pour *pouvoir reconstituer la figure réelle*. De plus, *chaque* projection a l'avantage de ne nécessiter qu'*une feuille de papier*. Ainsi, avec DEUX *feuilles de papier*, on aurait les deux projections nécessaires pour résoudre le problème.

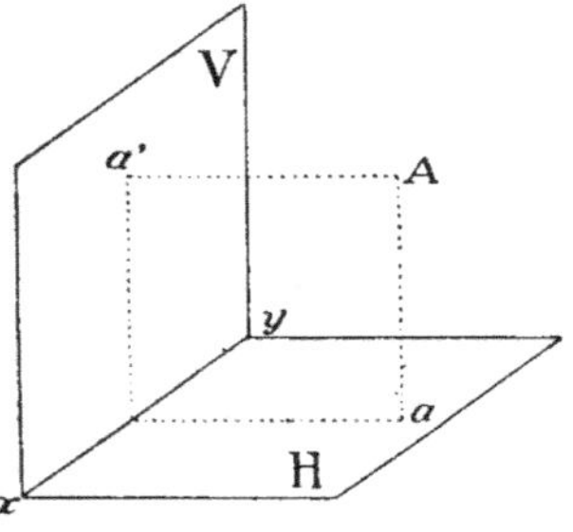

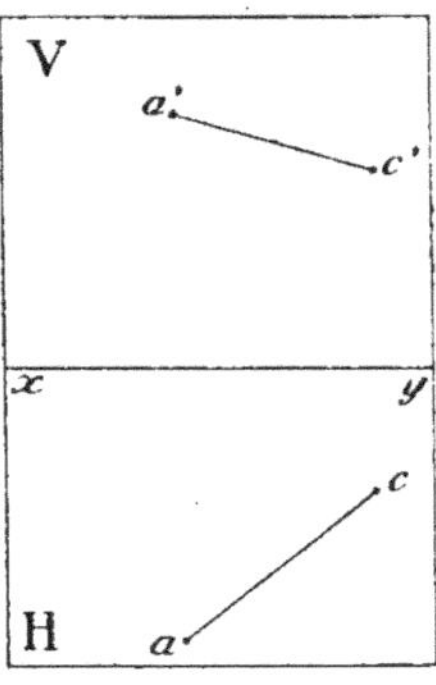

Fig. 170.

En fait, on se contente d'*une seule* feuille de papier. Pour montrer comment on y arrive, supposons qu'il s'agisse d'un point A dont les projections sont *a* et *a'*.

Rabattons H autour de *xy* de façon à l'amener (fig. 170) dans le *prolongement* de V. Nous obtenons alors une figure plane contenant les points *a* et *a'* (si on rabattait H *sur* V, dans le cas d'une figure un peu compliquée, les projections se recouvriraient, d'où des confusions possibles). S'il s'agit d'une droite, nous avons en général deux segments *ac* et *a'c'*.

Lorsqu'on connaît la projection horizontale et la projection verticale d'une figure, il suffit, pour reconstituer cette figure, de relever le plan horizontal H à angle droit sur le plan vertical, et de répéter autant de fois qu'il est nécessaire le problème du n° **250**. En fait c'est inutile : l'examen simultané des deux projections renseigne suffisamment, quand on a acquis l'habitude de **lire une épure**. (On appelle **épure** l'ensemble des deux projections d'une figure.)

253. — Un objet usuel, où les faces planes dominent, présente généralement une certaine symétrie, de sorte que très souvent on pourrait l'enfermer dans une boîte rectangulaire.

La projection horizontale d'un objet usuel placé dans sa position normale (c'est-à-dire reposant sur un plan horizontal) s'appelle souvent le **plan** de l'objet.

Il est bien évident que, lorsqu'on fait tourner l'objet sur lui-même, ou lorsqu'on déplace le plan horizontal parallèlement à lui-même, la projection horizontale reste identique à elle-même. La projection verticale change généralement de forme et de grandeur, dans le cas seulement où l'objet tourne sur lui-même. Aussi, pour déterminer la projection verticale, on place l'objet de façon que la boîte rectangulaire à laquelle nous faisions allusion ait une face parallèle au plan vertical, cette face étant choisie de façon que l'objet se présente comme quand il repose sur une table et s'appuie contre le mur. La projection verticale s'appelle alors souvent **élévation**.

Pour obtenir l'*élévation*, il suffit de supposer qu'on se trouve très loin en avant du plan vertical, dans une direction telle que les rayons visuels aboutissant à l'objet soient sensiblement perpendiculaires au plan vertical : l'élévation est alors l'ensemble des points de rencontre des rayons visuels avec le plan vertical. Pour obtenir le *plan* il suffit de procéder de même avec une direction perpendiculaire au plan horizontal; cette remarque est fort utile pour établir rapidement à main levée le plan et l'élévation d'un objet.

CHAPITRE VI

RELATIONS ENTRE LES DEUX PROJECTIONS D'UN POINT

254. — Par le point b (fig. 171), pris dans H, faisons passer

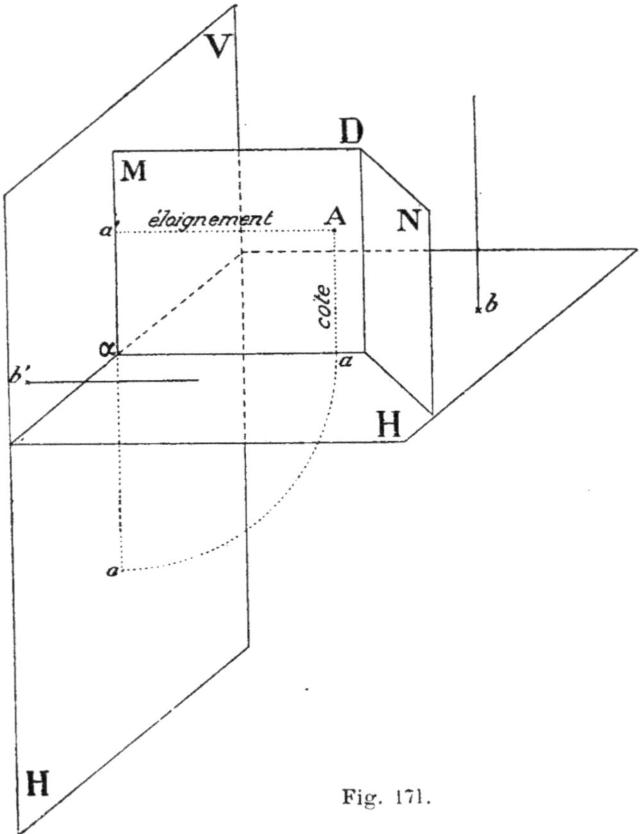

Fig. 171.

une tige rectiligne perpendiculaire à H; tous les points de cette tige se projettent horizontalement en b (**242**). Par le point b' pris dans V, menons la tige rectiligne perpendiculaire à V, tige dont tous les points ont b' pour projection verticale. Généralement les deux tiges ne se coupent pas.

Donc pour que deux telles tiges A a, A a' représentent les projetantes d'un point A, il faut que les projections a et a' ne soient pas prises au hasard.

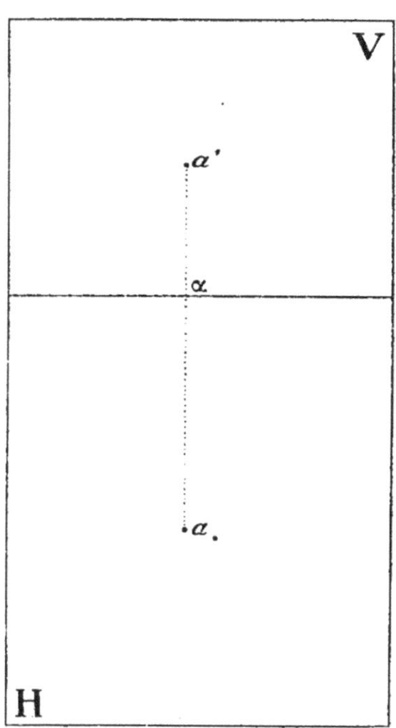

Fig. 172.

255. — **Epure du point.** — Déterminons les deux projetantes Aa, Aa' de A (**221**).

Nous constatons : 1° que l'une des faces M du DIÈDRE D (**218**) peut *contenir à la fois* les deux projetantes, 2° que cette face M coupe les deux plans de projection suivant les droites concourantes $\overline{\alpha a'}$, $\overline{\alpha a'}$; 3° que la figure A$a\alpha a'$ est un *rectangle* (fig. 171) ; 4° qu'après rabattement, $\overline{\alpha a}$ et $\overline{\alpha a'}$ forment une *droite perpendiculaire à la ligne de terre* (fig. 172).

La droite aa' qui joint les projections d'un point est une **ligne de rappel**. Donc *toute ligne de rappel est perpendiculaire à la ligne de terre*. Une ligne de rappel se représente par une droite pointillée, ou par un trait à l'encre rouge.

La distance $\overline{\alpha a'}$ de la projection horizontale a à la ligne de terre est égale à $\overline{Aa'}$, distance du point A au plan vertical ; cette distance s'appelle **éloignement** du point A.

La distance $\overline{\alpha a'}$ de la projection verticale a' à la ligne de terre est égale à $\overline{Aa}$, distance du point A au plan horizontal, cette distance s'appelle **cote** du point A.

Dans la figure 173, b,b' ne sont pas les projections d'un point ; aa' représente un point dont la cote est 3 cm. et l'éloignement 1 cm. ; cc' représente un point situé dans le

plan horizontal (cote nulle), à 2 cm. du plan vertical; dd' représente un point situé dans le plan vertical à 2 cm. du plan horizontal; ee' représente un point sur la ligne de terre.

On a l'habitude de représenter les points de la figure par des majuscules, et les projections par les *minuscules* correspondantes, la lettre accentuée étant réservée à la *projection verticale*.

Très souvent aussi on désigne l'éloignement par la lettre x et la cote par la lettre y. Ainsi au lieu de dire que l'éloignement d'un point est 3 cm. et sa cote 2 cm. on écrit $x = 3$ cm., $y = 2$ cm.

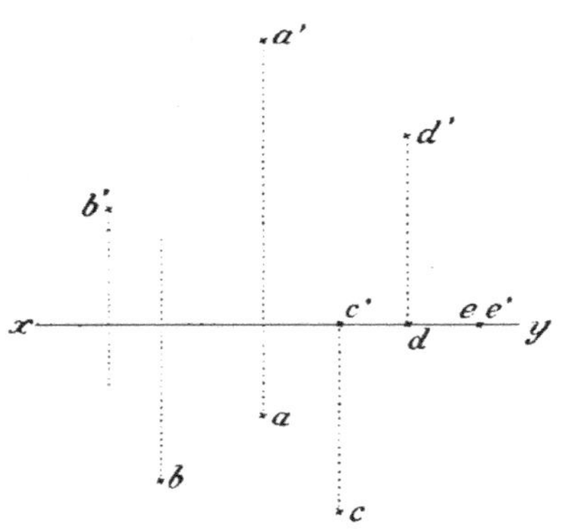

Fig. 173.

EXERCICE. — Déterminer des points connaissant leur cote et leur éloignement.

CHAPITRE VII

ÉPURE D'UN SEGMENT RECTILIGNE

256. — D'après les n^{os} **238** et **246**, il suffit de faire l'épure de chaque extrémité et de tracer la droite joignant les projections de *même nom*. Ainsi ab, $a'b'$ représente un segment rectiligne et non cd', dc' (fig. 174).

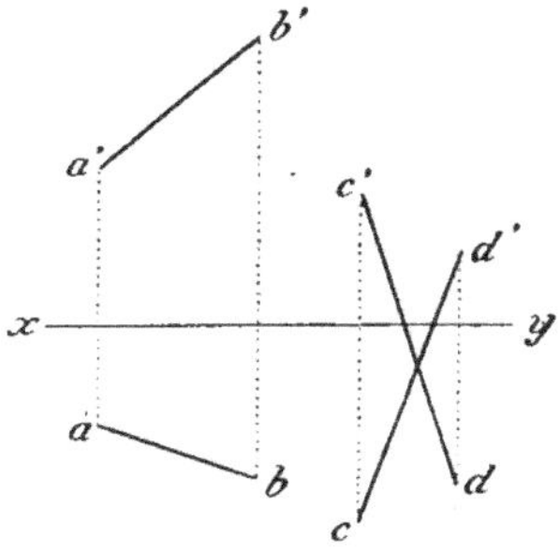

La figure 175 est relative à la projection du même segment rectiligne placé dans diverses positions.

I. Situé dans le plan horizontal. Une telle droite s'appelle une **horizontale**.

II. Situé dans un plan horizontal (une telle droite s'appelle encore une **horizontale**) distant de 10 mm. du plan H.

III, IV. Situé dans un plan parallèle au plan vertical. (Trouver la différence entre les deux positions). Une telle droite s'appelle une **droite de front**.

V. Situé sur la ligne de terre.

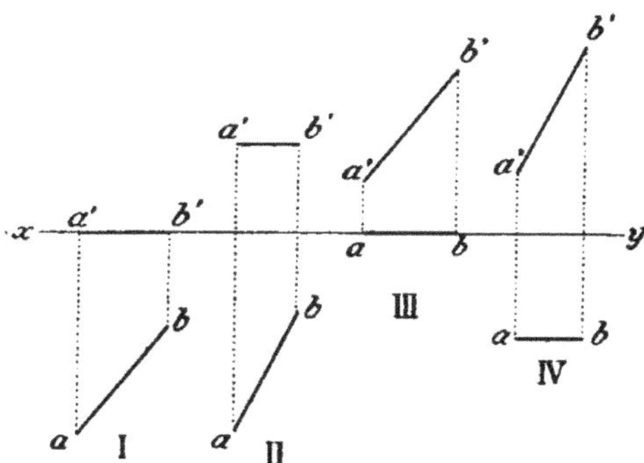

Fig. 174.

Fig. 175.

VI. **Parallèle aux deux plans de projection**, et par suite parallèle à la ligne de terre.

VII. **Perpendiculaire au plan horizontal.** Une telle droite s'appelle **verticale**.

VIII. **Perpendiculaire au plan vertical.** Une telle droite s'appelle une **droite de bout**.

Montrer que, dans ces divers cas, l'*une* des projections représente le segment considéré en *grandeur* et en *direction*.

EXERCICE. — Dans le cas d'un segment

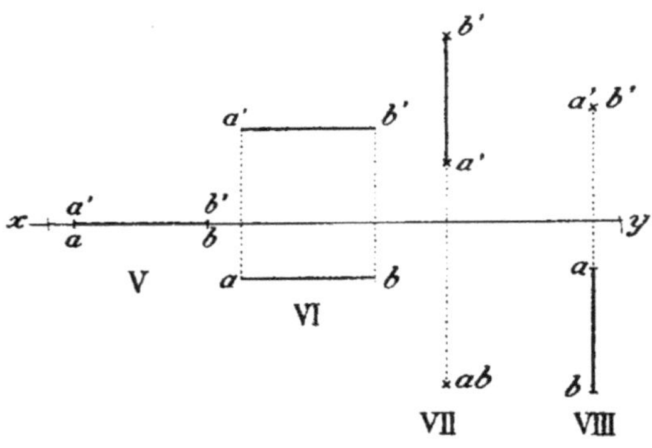

Fig. 175 *bis*.

rectiligne perpendiculaire à l'un P des plans de projection, comment fait-on pour déterminer l'extrémité la plus proche ou la plus éloignée du plan P?

CHAPITRE VIII

TRACES D'UN PLAN

N.ous n'insisterons que sur quelques cas particuliers.

257. — I. Posons le DIÈDRE D (**218**) sur le plan H. Nous voyons immédiatement (fig. 176) 1° que tous les points de la face M se projettent horizontalement sur l'intersection de M et de H, intersection qu'on appelle la **trace horizontale** $\overline{\alpha P}$ du plan M, 2° que l'intersection $\overline{\alpha P_1}$ de M et du plan vertical, c'est-à-dire la **trace verticale** du plan M est une verticale.

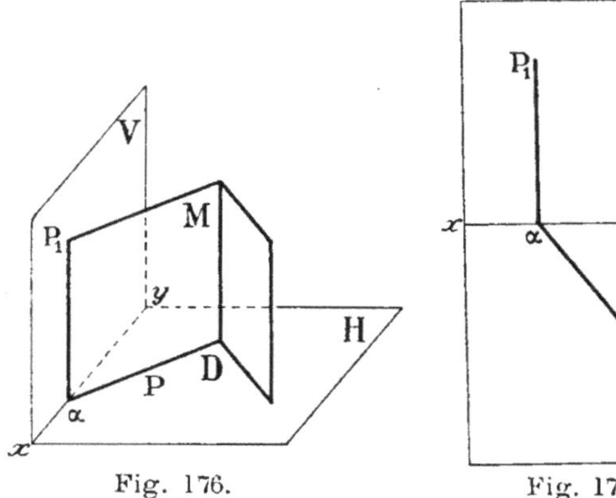

Fig. 176.

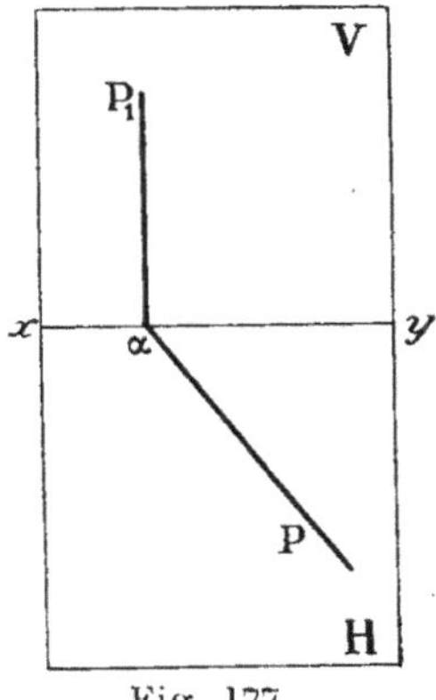

Fig. 177.

Donc, quand un plan M est perpendiculaire au plan H , c'est-à-dire quand M est un **plan vertical**, *tous les points de* M *se projettent horizontalement sur la trace horizontale* α P *du plan* M; la trace verticale α P$_1$ de M est perpendiculaire à la ligne de terre. Évidemment, les deux traces d'un plan sont concourantes en un point α qui est l'intersection du plan et de la ligne de terre.

Faisons l'épure des **traces** d'un plan vertical. La trace horizontale se projette horizontalement suivant αP qui fait avec la ligne de terre un angle égal à l'angle du plan M avec le plan vertical, et verticalement suivant αy; la trace verticale se projette horizontalement suivant le point α, et verticalement suivant $\overline{\alpha P_1}$ perpendiculaire à xy. Dans la pratique, on simplifie la figure en n'indiquant que αP et αP_1 (fig. 177).

258. — II. Nous verrions de même que, si un plan M est perpendiculaire au plan V, c'est-à-dire si M est un **plan de bout**, tous les points de M se projettent verticalement sur la trace verticale de M, et la trace horizontale est perpendiculaire à la ligne de terre. D'où l'épure (fig. 178).

Alors $\widehat{P_1\alpha y}$ représente l'angle que fait ce plan de bout avec le plan horizontal.

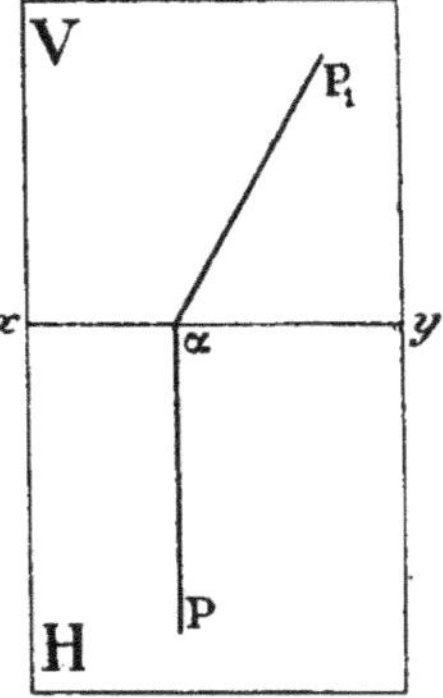

Fig. 178.

259. — III. Si le plan M est perpendiculaire à la ligne de terre, il est à la fois perpendiculaire à H et V. Donc nous pouvons appliquer ce qui a été dit dans les deux paragraphes précédents. L'épure se réduit alors à une droite unique, perpendiculaire à la ligne de terre (fig. 179).

Un tel plan se nomme **plan de profil.**

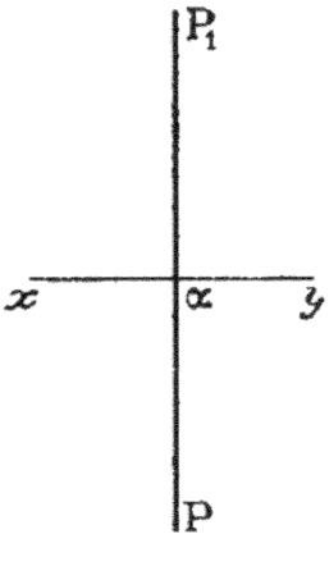

Fig. 179.

260. — IV. Si le plan M est **horizontal** (fig. 180), il ne rencontre pas le plan horizontal, donc sa trace horizontale n'existe pas : sa trace verticale αP_1 est parallèle à la ligne de terre et, dans l'épure, la distance de cette trace à la ligne de terre mesure la distance du plan M au plan horizontal.

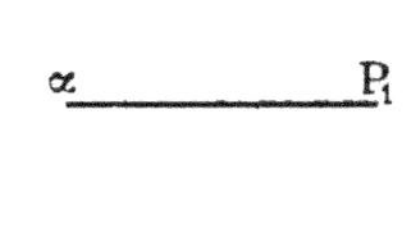

Fig. 180

261. — V. Si le plan M est parallèle au plan vertical (alors le plan M est dit **plan de front**), trouver ce qui doit se produire (fig. 181).

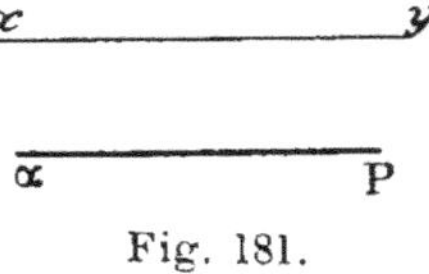

Fig. 181.

262. — Exercices. — I. Quand une figure plane appartient à un plan qui occupe l'une des positions précédentes, montrer que l'*une* de ses projections *se réduit à un segment rectiligne*. Quelle est cette projection dans chaque cas.

II. Dans quel cas les deux projections se réduisent-elles à deux segments rectilignes?

CHAPITRE IX

PROJECTIONS D'UNE SURFACE PLANE LIMITÉE PAR UNE FIGURE GÉOMÉTRIQUE

Pour obtenir cette projection, il suffit de projeter le *contour* de la surface. Si donc le contour est un polygone, il suffit d'en projeter les sommets.

263. — I. **Projections d'un rectangle A B C D dont un côté est vertical.**
— Pour obtenir un tel rectangle il suffit de le tracer dans l'une des faces **M** du DIÈDRE D (**218**), un côté BC étant parallèle à l'arête du dièdre, puis de poser le dièdre sur le plan horizontal (fig. 182.)

Dans tous les cas, la projection horizontale sera le segment *ab* égal au côté horizontal du rectangle. (Les côtés verticaux se projettent suivant deux points; les côtés horizontaux se projettent en vraie grandeur.)

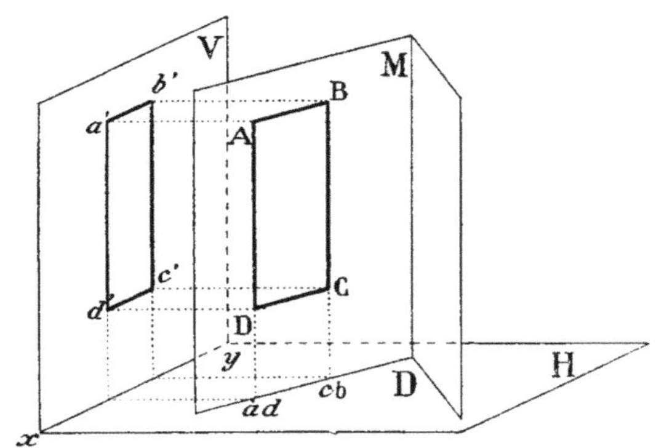

Fig. 182.

1° Si le plan du rectangle est **de front**, la projection verticale est un rectangle égal au rectangle donné (fig. 183, I).

2° Si le plan du rectangle est **de profil**, sa projection verticale se compose d'une droite perpendiculaire à xy (fig. 183, II) égale aux côtés verticaux du rectangle.

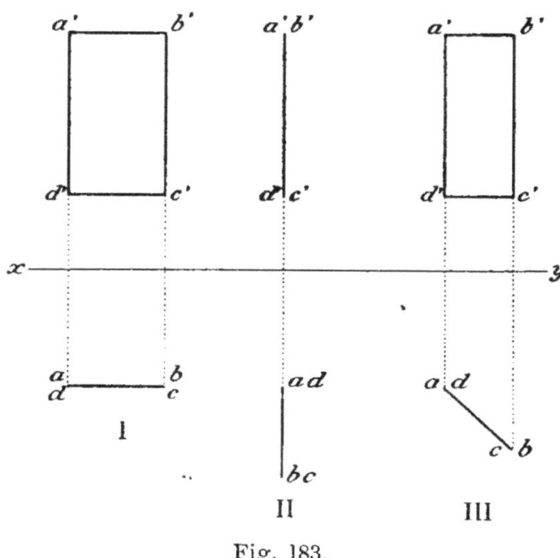

Fig. 183.

3° Si le plan du rectangle fait avec le plan vertical un angle compris entre 0 et 90°, sa projection verticale (fig. 183, III) est un *rectangle* (**244**) dont les côtés verticaux sont égaux à A D (**240**) et dont les côtés horizontaux sont égaux à la projection de CD sur V, par suite de $\overline{cd}$ sur xy (**239**).

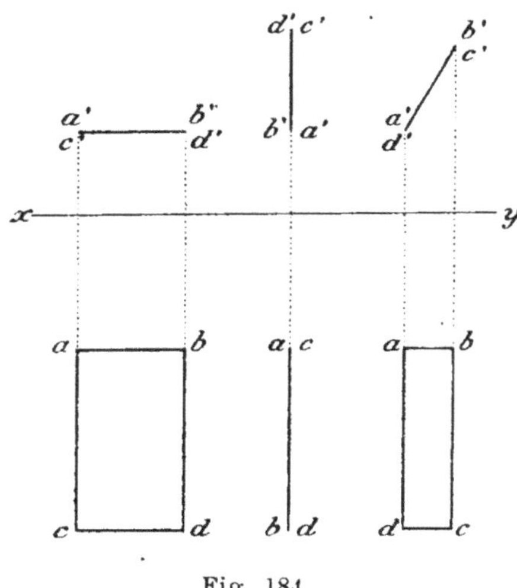

Fig. 184.

264. — EXERCICES. —
1. Que devient ce qui précède quand le rectangle est un carré?

2. Traiter le cas précédent en supposant le plan *de bout*. Voir à quels cas les épures de la fig. 184 se rapportent. Y a-t-il analogie avec les cas du plan vertical?

3. Quelles différences existent entre les projections d'une droite de 4 cm. perpendiculaire au plan H, et celles d'un rectangle de 4 m. de haut, 2 m. de base, ayant un côté horizontal, et situé dans un plan de profil?

265. — II. **Projections d'un cercle dont le plan est vertical**. — Dans tous les cas, la projection horizontale est une droite égale au diamètre (fig. 185).

1° Si le plan est de front (fig. 186, I), nous avons pour projection verticale un cercle égal au cercle donné.

2° Si le plan est de profil, la projection est une droite $\perp$ xy égale au diamètre (fig. 186, II).

3° Si le plan vertical est quelconque, la projection est une courbe appelée **ellipse** dont le grand axe, vertical, est égal au diamètre du cercle, dont le petit axe, horizontal, est la projection du diamètre horizontal du cercle. Le centre de l'ellipse est la projection du centre du cercle (fig. 186, III).

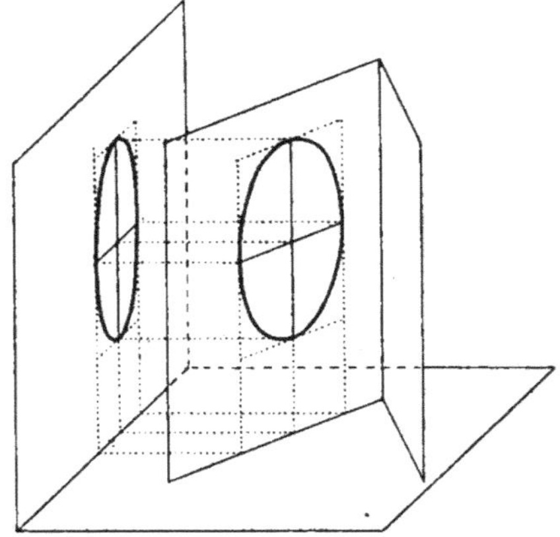

Fig. 185.

266. — EXERCICES. — 1. Traiter la projection du cercle et faire les épures, quand le plan du cercle est perpendiculaire au plan vertical.

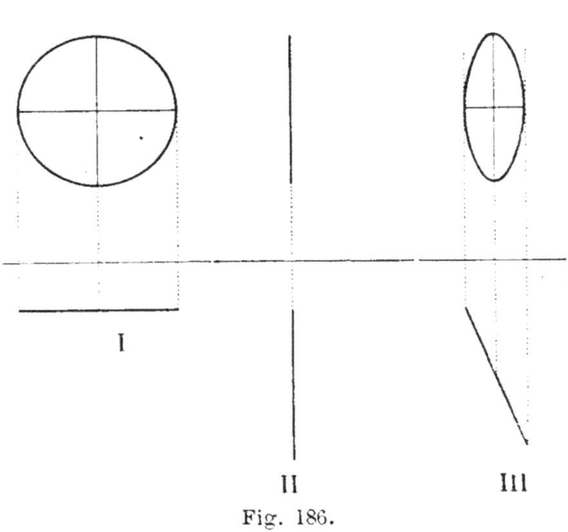

Fig. 186.

2. De la projection du cercle ne peut-on déduire la projection d'un rectangle dont une diagonale est horizontale?

3. Ne peut-on confondre la projection d'un cercle et d'un carré à côté horizontal, situés tous deux dans un plan

de profil? La proposition du paragraphe **252** est-elle absolument vraie?

4. Montrer, en coupant un liège cylindrique, que toute section plane d'un cylindre est une ellipse ou un cercle. Quand a-t-on un cercle? Quels sont les axes de l'ellipse? De quoi dépend la longueur de ces axes?

<h1 style="text-align:center">CHAPITRE X</h1>

<h2 style="text-align:center">PROJECTIONS D'UN PRISME DROIT</h2>

267. — Les deux bases ont la même projection, puisque les arêtes latérales sont verticales (fig. 187). La projection horizontale du solide est donc un polygone égal au polygone de base et disposé de la même façon (comparer au n° **263**). La projection verticale d'une base est une droite parallèle à xy, la projection de chaque face latérale est soit un rectangle, soit une droite (quand la face est de profil).

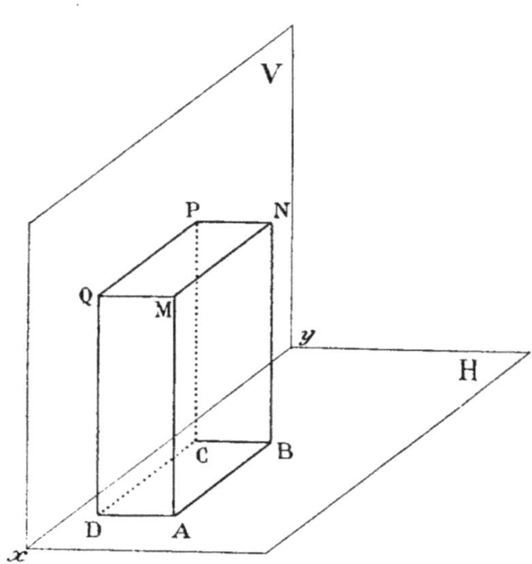

Fig. 187.

268. — *a*) **Cas du parallélipipède rectangle.**—1° *Si la face antérieure* ABNM *est de front* (fig. 188, I). sa projection verticale se réduit à un rectangle égal à cette face (répéter ce qui a été dit dans le paragraphe précédent).

2° Si la face antérieure fait avec le plan vertical un certain angle, sa projection verticale est un rectangle $a'b'n'm'$ (pour l'obtenir voir **263**) (fig. 188, II); la face opposée a pour projection un rectangle égal $c'd'q'p'$, mais l'arête $c'p'$ est cachée; aussi on la représente par une *ligne ponctuée*. —

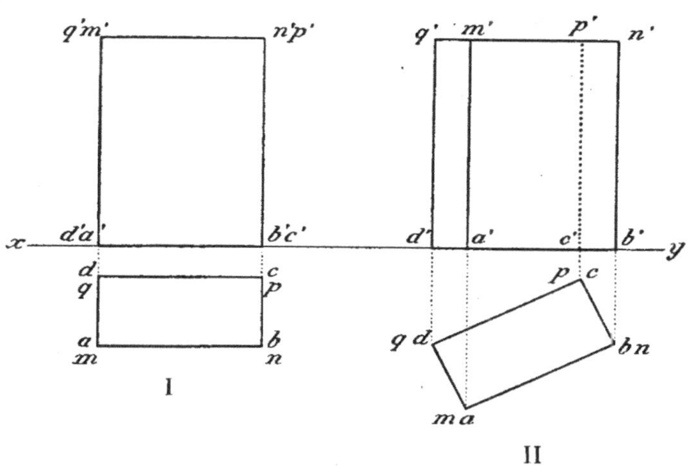

Fig. 188.

Déterminer dans une projection les lignes vues et les lignes cachées, c'est établir la **ponctuation**.

Quand deux arêtes verticales sont dans un même plan · de profil, la projection verticale se simplifie, l'arête cachée étant recouverte par l'arête vue (fig. 189).

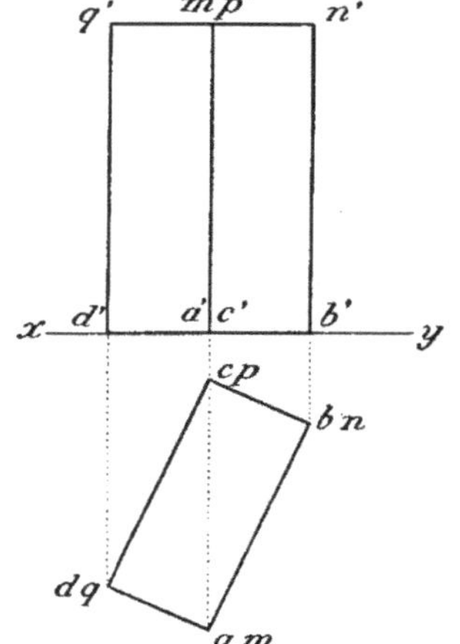

Fig. 189.

269. — *b*) **Cas du cube.** — Le cube est un parallélipipède rectangle dont toutes les arêtes sont égales. Nous obtenons les épures de la figure 190; elles supposent que le cube ne repose pas sur le plan horizontal, mais a sa base horizontale.

Exercice. — Un cube a sa base horizontale et sa face antérieure ABNM de front. Déterminer ses projections et celles de la flèche MC (fig. 191). Les projections de cette flèche donnent la direction des rayons lumineux, et permettent de déterminer les arêtes éclairées et les arêtes dans l'ombre.

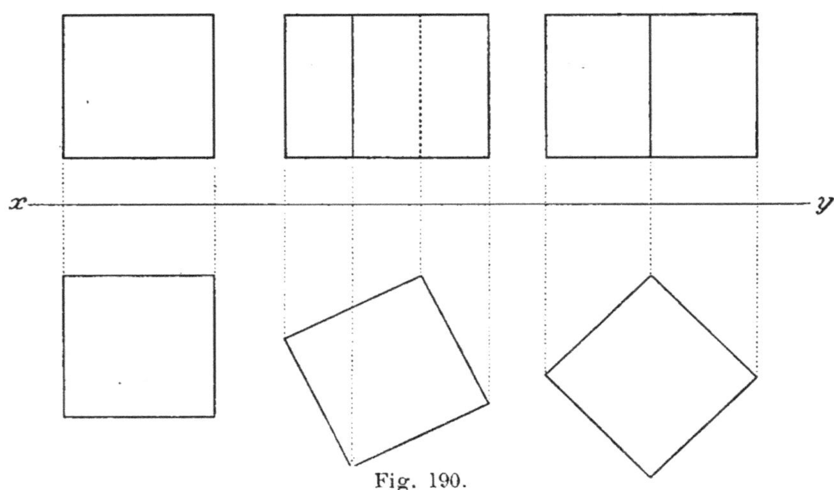

Fig. 190.

270. — *c*) **Cas d'un prisme droit quelconque.** — Supposons par exemple un prisme hexagonal régulier de 12 mm. de rayon, de 35 mm. de hauteur, une diagonale de base fait un angle de 45° avec la ligne de terre (fig. 192).

La projection horizontale se réduit à un hexagone régulier de 12 mm. de rayon, dont une

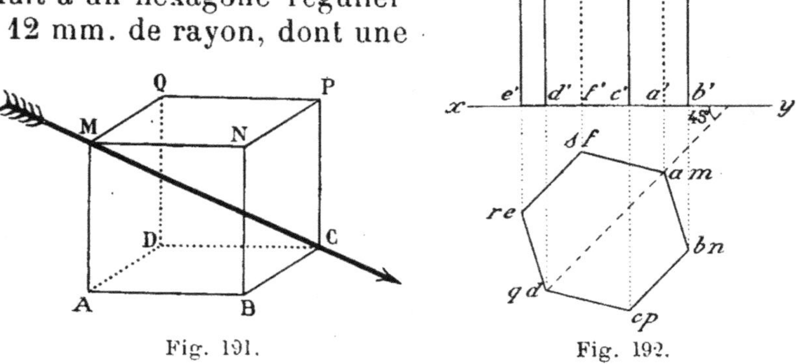

Fig. 191.   Fig. 192.

diagonale fait 45° avec *xy*. Une fois la projection horizontale déterminée, les lignes de rappel permettent de déterminer immédiatement la projection verticale, puisque les arêtes se projettent en vraie grandeur.

REMARQUE. — Dans tous les cas étudiés dans ce chapitre, nous voyons que, la projection horizontale étant déterminée, la projection verticale s'en déduit immédiatement.

271. — EXERCICES. — I. Étant données les projections d'un des solides précédents, que peut-on en déduire au point de vue des dimensions ? Sur quelles dimensions renseigne le plan ; l'élévation ? Application aux croquis cotés.

II. Exécuter l'épure d'un parallélipipède droit, reposant sur le plan horizontal, ayant pour base un parallélogramme dont les côtés 2 cm. et 3 cm. font un angle de 60°, et dont une diagonale est parallèle au plan vertical. La hauteur du parallélipipède est 4 cm.

III. Une pyramide est parfaitement déterminée quand on connaît sa base et son sommet. Pour avoir sa projection sur un plan, il suffit de déterminer les projections de la base et du sommet et de joindre les sommets obtenus (fig. 193).

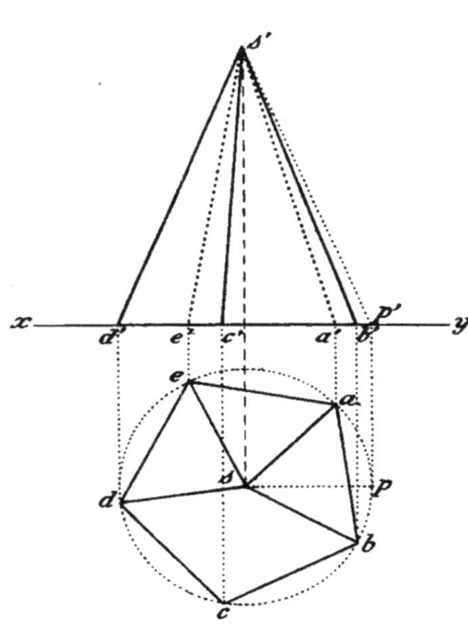
Fig. 193.

CHAPITRE XI

DÉVELOPPEMENT D'UN PRISME
DROIT ET D'UNE PYRAMIDE

272. — **Définitions**. — Une surface est dite **développable** quand elle est tout entière *applicable sur un plan sans se plier ni se déchirer*. La surface d'un polydère convexe est évidemment développable. En coupant ce polyèdre suivant des arêtes convenablement choisies, et appliquant les faces successives sur un même plan, on obtient un polygone plan appelé **développement** de la surface du polyèdre considéré. Dans l'exécution de ce développement, on peut faire en sorte qu'aucune face du polyèdre ne soit recouverte par une autre.

273. — I. Développement d'un prisme droit. — Les faces latérales sont des rectangles ayant pour hauteur commune la hauteur h du prisme et pour bases les côtés de la base. Donc le développement de la surface latérale se compose d'un rectangle de

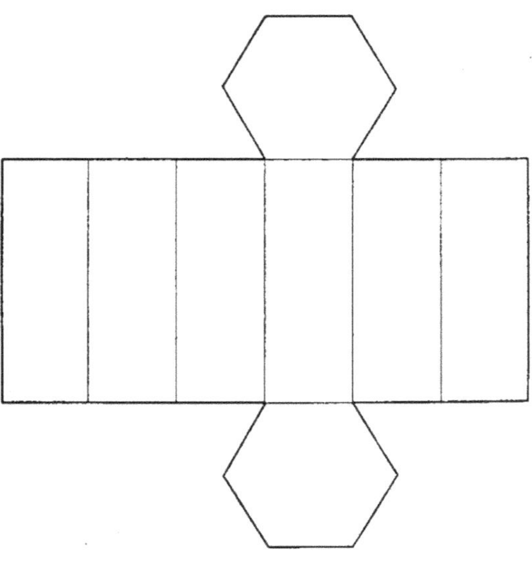

Fig. 191.

hauteur h, de base égale au périmètre de la base. Il suffit d'y joindre les deux polygones de base pour avoir le développement du prisme.

EXEMPLE : Développons le prisme dont l'épure est donnée par la figure 192. En pliant suivant les traits fins, nous pouvons reconstituer le prisme (fig. 194).

EXERCICE. — Faire ce qui précède pour le parallèlipipède rectangle, le parallélipipède droit, le cube.

274. — II. Développement d'une pyramide régulière.

— Les faces latérales sont des triangles isocèles égaux.

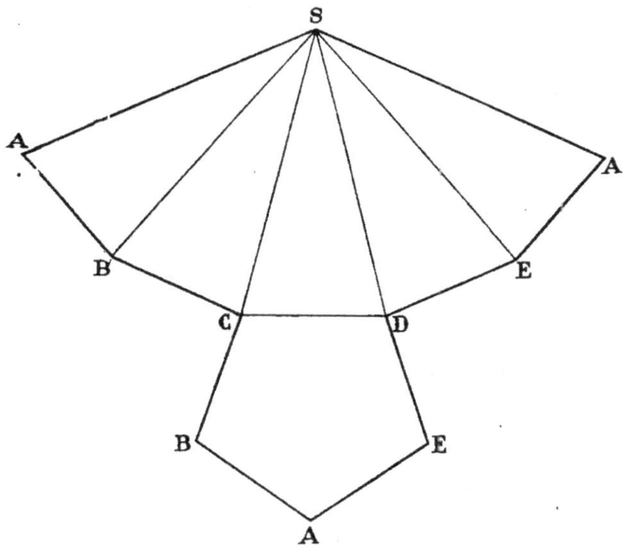

Fig. 195.

Amenons-les successivement sur un plan, les sommets de la base se trouveront sur une circonférence de centre S, de rayon $SA = SB$.... Et il n'y aura qu'à porter des cordes A B, B C.... égales au côté de la base de la pyramide. Le développement sera complété par le polygone de base. (La fig. 195 représente le développement de la pyramide de la figure 193; alors $SA = s'p'$.)

TABLE DES MATIÈRES

GÉOMÉTRIE

PROJECTIONS

40-10. — Coulommiers. Imp. Paul BRODARD. — 4-10.